전신 골격 구조

(정면에서 본 모습)

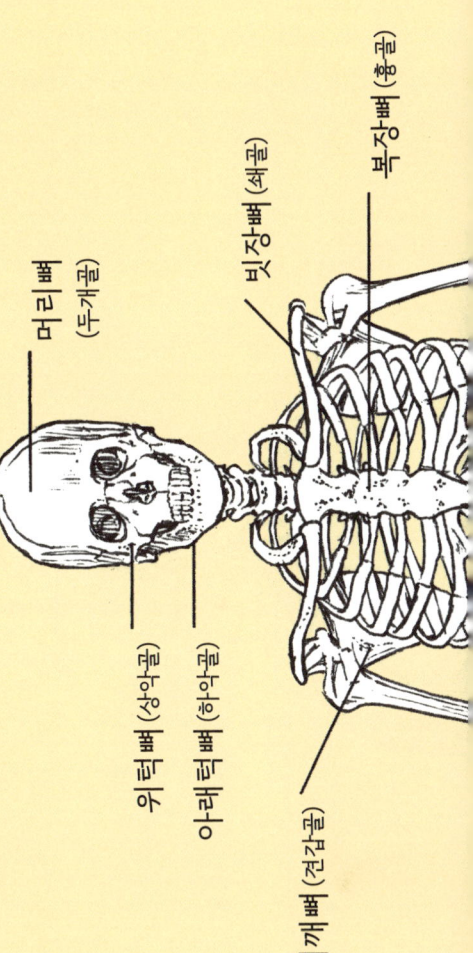

머리뼈
(두개골)

위턱뼈 (상악골)

아래턱뼈 (하악골)

빗장뼈 (쇄골)

복장뼈 (흉골)

어깨뼈 (견갑골)

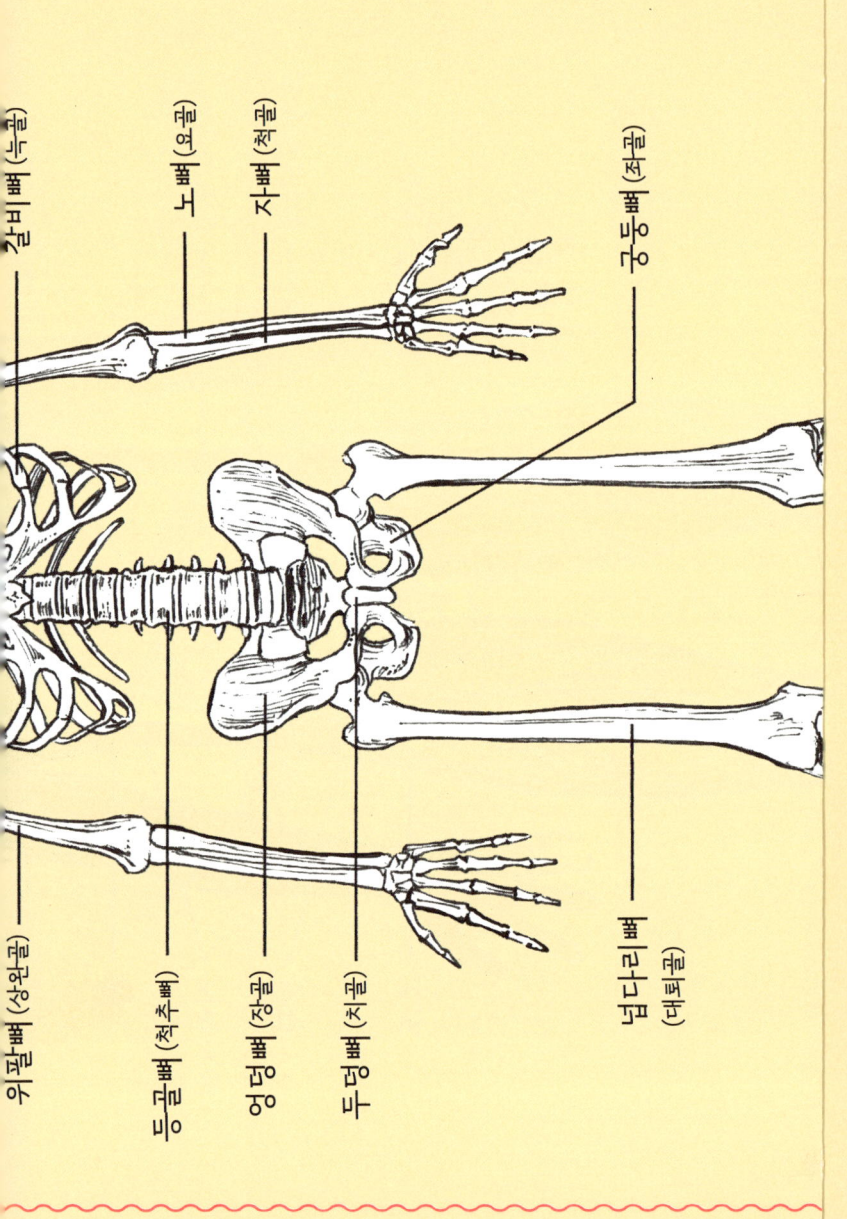

갈비뼈 (늑골)

노뼈 (요골)

자뼈 (척골)

꼬등뼈 (좌골)

위팔뼈 (상완골)

등고뼈 (척추뼈)

엉덩뼈 (장골)

두덩뼈 (치골)

넙다리뼈
(대퇴골)

의학은

과학이 뒷받침하는 예술이다.

♦

윌리엄 오슬러 (의사)

글   야마모토 다케히토
옮김 서수지
감수 예병일

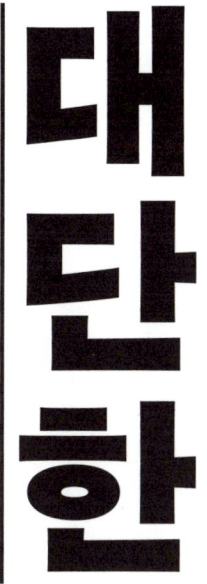

대단한

♦ 우리 몸의 비밀을 파헤치는 지적 모험 ♦

인체

위즈덤하우스

의대생 시절, 해부학 실습을 나갔다가 큰 충격을 받았습니다. '생각보다 사람 몸은 참 무겁구나!' 싶었거든요. 다리 한쪽만 해도 10킬로그램이 넘어서 들어 올리려면 고생깨나 해야 했습니다. 얼핏 가벼워 보이는 팔도 무게가 4~5킬로그램에 달하니 상당히 묵직합니다.

우리는 굳이 들어 보지 않아도 주변 사물의 무게를 대략 짐작할 수 있습니다. 그런데 신기하게도 정작 자기 몸에 달린 '부품'의 무게는 느끼지 않아요. 일상적으로 '들고' 다니는데도 말입니다.

도대체 왜 그럴까요? 이 물음에 답을 찾다 보면 아름답고 정교한 인체의 구조를 마주하게 됩니다.

인체는 입이 떡 벌어질 정도로 멋진 기능을 갖추고 있습니다. 건강하게 지내는 동안에는 우리 몸이 얼마나 대단한지 깨닫지 못하지요.

우리는 달리면서도 도로 표지판을 읽을 수 있고, 마주 걸어오는 사람을 피할 수 있습니다. 머리가 위아래로 격하게 움직이는데도 시야가 흔들려 멀미하는 일이 없죠. 지금 이 글을 읽으며 '맞아, 그렇지.' 하고 고개를 끄덕였을 수 있겠어요. 그렇게 머리를 움직여도 여러분의 시야는 정신없이 흔들리지 않습니다.

그렇다면 스마트폰을 들고 달리며 동영상을 찍는다고 상상해 봅시다. 찍힌 영상을 보면 심하게 흔들려서 보기만 해도 속이 울렁거릴 거예요.

우리의 시야와 카메라 영상의 차이는 무엇일까요? 이 점을 파고들면 하나의 진실이 보입니다. 우리 몸에는 '시야가 흔들리지 않도록 하는 정교한 시스템'이 갖추어져 있다는 거죠.

한 가지 더 예를 들어 볼게요. 조금 더러운 이야기라 죄송하지만, 우리가 방귀를 뀌는 것은 항문에 다다른 게 고체인지, 액체인지, 기체인지를 순간적으로 구별하는 기능을 갖추고 있기 때문입니다. 기체일 경우만 방귀로 배출하는 것이죠. 또는 고체는 몸속에 남기고 기체만 배출하는 타협도 가능합니다. 아주 치밀하고 정교한 구조이죠. 이러한 시스템을 인공적으로 만들기는 무척 어려워요.

우리 항문은 방귀와 대변을 식별할 수 있습니다. 대단치 않은 이야기 같지만, 곰곰이 생각해 보면 이 기능은 우리가 사회생활을 하는 데 매우 중요한 역할을 하고 있어요.

의사인 저는 의학을 공부하며 인체의 아름다운 구조와 기능에 마음을 빼앗겼습니다. 동시에 이토록 훌륭한 구조에 흠집을 내는 '질병'의 존재감을 생생히 체감했습니다. 사람이 어떻게 병에 걸리고, 아프고, 나아지는지 그 과정을 이해하고 질병으로 잃은 능력을 되찾게 해 주는 게 의학의 임무니까요.

지금까지 의학은 수많은 질병에 숨겨진 수수께끼를 풀고, 갖가지 치료법을 마련해 왔습니다.

오늘날 우리는 인체를 위협하는 무시무시한 세균과 바이러스가 존재한다는 사실을 알고 있습니다. 실제로 인류 역사에서 감염병은 셀 수 없는 인명을 앗아 갔습니다.

그러나 감염병의 원인이 '미생물'이라는 사실을 인류가 깨달은 시기는 고작 150년 전입니다. 그 이전에 살던 사람들에게 아무리 감염병의 발생 원리와 치료법을 설명해 줘도 믿지 않을 거예요. 눈에 보이지 않는 생물이 우리 몸에 침입해 온갖 질병을 일으킨다니, 이 무슨 터무니없는 소리냐며 핀잔을 들을지도 모르죠.

19세기 후반, 독일의 의사 로베르트 코흐는 세균이 감염병의 원인이라는 사실을 최초로 증명했습니다. 어떠한 질병이 특정한 미생물에 의해 발생한다는 이 놀라운 발견은 의학을 크게 발전시켰습니다. '원인이 되는 미생물을 죽이면, 병을 치료할 수 있다'는 발상이 생겨났기 때문이죠.

20세기 초, 독일의 의사 파울 에를리히는 수백 종류의 화합물을 가지고 실험한 끝에 세균을 죽이는 물질을 발견했습니다. 606번째 실험에서 성공했다고 해 606호로 불린 이 화학 물질에는 '살바르산'이라는 이름이 붙었고, 매독 치료제로 쓰였습니다. 특정 병원체만 정확히 노려 공격하는 물질을 에를리히는 '마법의 총알(magic bullet)'이라고 불렀습니다. 질병의 원인 그 자체에 접근하는 개념이 당시에는 마법 같았거든요.

그로부터 10년쯤 지나 영국의 의학자 알렉산더 플레밍은 푸른곰팡이 분비물이 세균을 죽인다는 사실을 우연히 알아냅니다. 그리고 이 분비물을 푸른곰팡이의 학명, 페니실륨에서 따와 '페니실린'이라 이름 지었습니다. 이 페니실린은 인류 역사를 바꾼 혁신적인 항생제로 칭송받습니다. 오래된 이야기가 아닙니다. 1928년의 일이죠.

오늘날 우리는 유행하는 병의 원인을 특정하고, 그에 맞는 약을 투여하는 일련의 과정을 당연하게 받아들입니다. 그러나 이 방식이 '당연해진' 시기는 긴 인류 역사에서 아주 최근의 일이에요.

그 후 의학은 비약적인 속도로 발전을 이루어 왔습니다.

1981년, 의학 전문지 《랜싯》에 미지의 질병이 소개되었습니다. 주로 성관계로 전파되고, 감염자의 면역 기능을 파괴하는 병이었습니다. 훗날 '후천 면역 결핍증(AIDS, 에이즈)'이라고 이름 붙은 이 병은 특정한 바이러스가 원인이었습니다. 바로 '사람 면역 결핍 바이러스(HIV)'입니다.

놀라운 점은 1983년에 이 바이러스를 발견한 후 인류가 강력한 치료제를 개발했다는 겁니다. 처음에는 진단받으면 '사형 선고'처럼 여겨지는 병이었지만, 이제 후천 면역 결핍증은 제어 가능한 '만성 질환'이 되었습니다.

1989년에 최초로 발견된 C형 간염 바이러스는 환자와 의사를 여러모로 애먹이는 병원체입니다. 감염되면 만성 간염과 간경변증을 거쳐 간암을 유발하죠. 지금까지 전 세계에서 수많은 이들의 목숨을 앗아 간 흉악한 바이러스입니다.

그런데 최근, 바이러스에 직접 작용하는 항바이러스제가 탄생하며 상황이 역전되었습니다. 이 획기적인 치료제 덕분에 C형 감염도 '치료'를 목표로 둘 수 있게 되었죠. 약을 먹어 C형 간염을 치료한다…. 한 세대 전까지만 해도 상상조차 할 수 없던 미래가 현실이 되고 있습니다.

로베르트 코흐, 파울 에를리히, 알렉산더 플레밍, 사람 면역 결핍 바이러스를 발견한 프랑스의 뤼크 몽타니에와 프랑수아즈 바레시누시, C형 간염 바이러스를 발견한 하비 올터, 마이클 호턴, 찰스 라이스. 이들 모두 저마다의 공로로 노벨상을 받았습니다.

뼈를 깎는 노력 끝에 누구도 상상하지 못했던 의학의 진보를 실현한 위인들. 그들의 업적이 의료 현장에 어떤 혜택을 안겨 주었는지 알아 가는 일도 의학이라는 학문을 배우며 누릴 수 있는 재미입니다.

의학을 공부하는 일은 짜릿할 정도로 즐겁습니다. 그리고 알면 알수록 그 즐거움은 기하급수적으로 증가합니다. 제가 의대생 시절부터 내내 맛보아 온 이 짜릿한 흥분을 누군가와 공유하고 싶었습니다. 지식의 점과 점이 이어져 선으로 연결되는 순간, 무릎을 '탁' 치게 되는 순간의 희열을 전하고 싶었죠. 저는 그래서 이 책을 썼습니다.

1장에서는 먼저 '인체의 구조가 얼마나 잘 만들어졌는지'를 구체적인 예를 들어 소개합니다. 동시에 정교한 인체 기능이 병으로 망가졌을 때 몸에 어떠한 결핍과 불쾌감이 나타나는지를 뇌와 심장부터 항문에 이르기까지 다양한 장기를 두고 설명합니다.

2장에서는 사람이 어떤 과정을 거쳐 '병'이라는 상태에 이르게 되는지, 질병과 건강의 경계는 어디인지를 이야기합니다. 암과 심장병, 감염병 등을 예로 들어 사람이 무엇에 의해 목숨을 잃는지 살펴봅니다.

3장에서는 의학 역사에서 전환점이 되었던 크나큰 발견, 지금 우리가 누리는 의학의 기초를 닦은 위대한 인물들의 업적을 돌아봅니다. 히포크라테스, 로베르트 코흐 같은 이들의 업적이 오늘날 임상에서 어떻게 활용되는지 의사의 관점에서 이야기합니다.

4장에서는 역사 속 사건 사고를 통해 식중독과 이코노미 클래스 증후군, 기생충 감염 등 건강을 위협하는 요인과 관련 지식을 소개합니다.

5장에서는 체온계와 혈압계, 내시경 등 의료 현장에서 활약하는 각종 도구와 의료 기기를 소개합니다. 의학 발전에 이바지한 과학 기술도 빠뜨리지 않았죠.

책의 신뢰도를 높이기 위해 80개가 넘는 출처를 확인하여 분명한 정보를 실었고, 제 전공 영역 외의 세부 지식은 분야 전문가에게 감수를 부탁했습니다.

저자로서 제 목표는 과거부터 미래까지, 머리부터 발끝까지 인체와 의학을 재밌게 조망하는 것이었습니다. 어린 시절 선물로 받은 백과사전을 두근거리는 마음으로 한 장 한 장 넘기던 그 설렘을 여러분에게 전하고 싶습니다.

자, 그럼 시작해 볼까요? 우리 몸을 무대로 한 지적 모험을!

제1장

참으로 정교한 인체

제 2 장

사람이 병에 걸리는 이유

제5장

교양으로서의 현대 의료

제 1 장

참으로
정교한 인체

자연은 헛된 일을 하지 않는다.

아리스토텔레스 (철학자)

우리 몸은 무겁다

자리에서 일어날 수 있나요?

여러분은 이 책을 어떤 자세로 어디에서 읽고 있을까요? 아마 많은 경우 의자에 앉아 읽고 있지 않을까 싶습니다. 만약 그렇다면 정면을 바라본 상태로 얼굴을 고정하고, 고개를 앞뒤로 움직이지 않으면서 일어서 보세요. 아마 아무리 용을 써도 자리에서 일어설 수 없어 놀랄 겁니다. 다리에 힘을 잔뜩 주어도 엉덩이가 들썩이는 시늉조차 하지 않을 거예요.

그렇다면 이제 아무 생각 없이 평소처럼 일어나 봅시다. 제일 먼저 머리를 앞으로 내밀고 난 후에야 겨우 엉덩이를 뗄 수 있을 거예요. 우리가 앉았다 일어나려면 우선 몸을 '앞으로 숙이는 동작'이 필요합니다.

왜 그럴까요? 그 이유는 간단합니다. 엉덩이를 들어 올리려면 머리 무게로 균형을 잡아야 하기 때문입니다. 머리를 앞으로 내밀어 무게 중심을 앞쪽으로 이동시키는 거죠. 무거운 엉덩이를 일으키려면, 말 그대로 '머리를 써야' 합니다.

하는 김에 더 실험해 볼까요? 이번에는 다리를 어깨너비로 벌린 채 서서 머리를 좌우로 움직이지 않고 오른쪽 다리를 들어 봅시다. 안간힘을 써도 다리를 들어 올릴 수 없을 거예요. 그러면 어떻게 해야 들 수 있을까요? 직접 해 보면 쉽게 답을 알 수 있습니다. 오른쪽 다리를 들기 전에 상반신을 왼쪽으로 기울이는 겁니다. 자리에서 일어날 때와 마찬가지로 무거운 다리를 들어 올리려면 일단 무게 중심을 반대 방향으로 옮기는 동작부터 해야 해요.

우리 몸을 구성하는 '부품'은 각각 무게가 상당합니다. 몸무게가 50킬로그램인 사람을 기준으로, 머리는 무게가 5킬로그램 정도 됩니다. 다리 한쪽은 약 10킬로그램, 팔은 한쪽에 4~5킬로그램 정도로 꽤나 묵직해요.

평소에 우리는 이러한 무게를 거의 자각하지 못합니다. 이렇게 무거운 신체 부위를 매일 가지고 다니면서도 말이죠. 그건 어깨와 등, 엉덩이에 있는 큼직한 근육이 머리와 팔다리를 지탱해 주기 때문입니다. 아이를 팔로 안을 때보다 어깨에 목말을 태우는 게 편하고, 무거운 가방을 손으로 들기보다 등에 메는 게 가볍게 느껴지는 것과 같은 이치입니다.

더불어 우리는 태어난 뒤로 지금까지 필요한 근육을 필요한 만큼 단련하며 살아왔습니다. 인체는 자신의 '부품'을 지니고 다니기 편리한 방향으로 발달하거든요.

제가 의료 현장에 처음 나갔을 때 가장 놀랐던 부분이 바로 사람 몸이 생각보다 무겁다는 사실이었습니다. 걷지 못하는 사람을 휠체어로 옮기거나, 의식이 없는 사람을 침대에서 침대로 옮기다 보면 사람의 몸이 얼마나 무거운지 체감할 수 있습니다.

우주 비행사와 근육

의료 현장에서는 이래저래 남의 몸을 들고 움직여야 할 일이 많습니다. 수술실에서 전신 마취된 환자의 팔다리를 들어 올리거나, 바로 누운 환자를 엎드린 자세로 뒤집거나, 수술을 마친 환자를 수술대에서 병동 침대로 옮기는 작업이 매일 이루어지거든요.

이런 식으로 사람의 몸을 움직이는 작업은 상당한 중노동입니다. 혼자서는 무리고, 사람이 네댓 명은 달라붙어야 하죠. 자기 몸은 혼자 움직일 수 있지만, 남의 몸은 도저히 혼자서 짊어질 수 없습니다.

특히 전신 마취한 환자를 다룰 때는 팔다리를 각별히 살펴야 합니다. 제법 묵직한 데 비해 몸통과 이어진 부위가 좁기 때문입니다. 양쪽 팔다리를 각각 확실히 붙잡아 주지 않으면 축 늘어져서 눈 깜짝할 사이에 관절을 다칠 수 있어요. 그래서 의료진들은 하나 둘, 신호에 호흡을 맞추어 신중하게 환자의 몸을 옮깁니다.

무거운 몸을 챙겨야 하는 건 수술실에서만이 아닙니다. 입원이 길어져 병상 생활을 오래 한 환자의 경우, 몸을 일으킬 때 힘을 전혀 못 주기도 합니다. 특히, 원래 근육이 약한 어르신에게 자주 생기는 현상입니다.

가슴이나 배에 병이 생겨 수술을 받거나, 심근 경색이나 폐렴 같은 다리나 허리와는 무관한 병에 걸려도 걷는 힘을 잃습니다. 몸을 매일 나르는 작업을 게을리하면 가랑비에 옷이 젖듯 근육이 약해지거든요.

정도에 차이는 있지만, 무중력 공간에 있다가 지구로 돌아온 우주 비행사가 목발이나 부축 없이 걷지 못하는 상황과 비슷합니다. 일본의 우주 비행사인 유이 기미야 씨가 지구에 귀환하고 난 소감을 이렇게 남긴 게 기억납니다.

"옷을 벗으려 고개를 앞으로 숙일 때마다 목과 허리로 머리를 지탱하던 것을 자꾸 잊어버려서 매번 고꾸라질 뻔했지 뭐예요."

우주 비행사가 우주 공간에서 근력 운동을 하듯, 입원 중인 환자도 재활에 힘써야 합니다. 움직일 수 있는 환자라면 부지런히 걷고 팔다리를 움직여야 해요. 병원에 있다 보면 병동 복도를 천천히 걸어 다니는 사람들을 보게 됩니다. 대단치 않아 보여도 생활 능력을 유지하기 위해 꼭 필요한 운동을 하고 있는 거예요.

의외로 잘 모르는
눈의 역할

시야는 상당히 좁다

지금 여러분의 눈에는 이 책의 글자뿐 아니라, 그 주변 정보까지 함께 들어올 거예요. 눈동자를 움직이지 않아도 초점을 맞춘 지점의 상하좌우 풍경이 시야에 들어옵니다.

한번 지금 읽고 있는 글자에 시선을 고정한 채 눈을 움직이지 않고 다른 글자를 읽어 보세요. 아마 흐릿해서 읽기가 어려울 거예요. 이로써 시선을 움직이지 않고 글자를 읽을 수 있는 범위는 매우 좁다는 사실을 알 수 있습니다. 우리의 시야는 텔레비전 화면처럼 구석구석까지 선명하게 보이지 않습니다.

눈의 구조

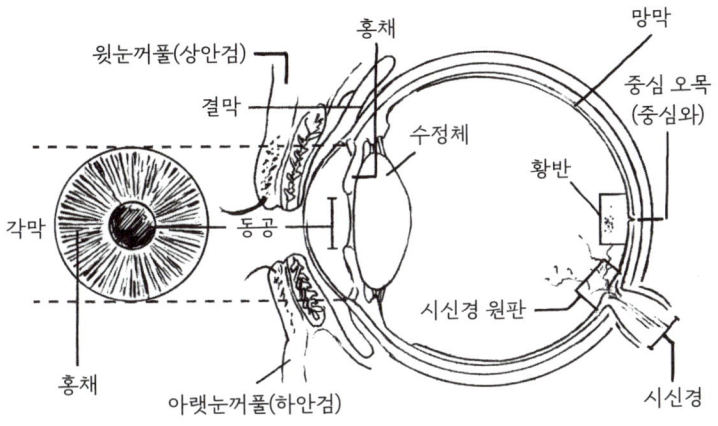

눈의 구조를 알면 그 이유를 잘 이해할 수 있어요. 카메라에 비유하면, 렌즈에 해당하는 것은 수정체(중심부는 동공)입니다. 조리개는 홍채, 필름이 망막, 렌즈를 보호하는 뚜껑은 눈꺼풀이죠. 참고로 윗눈꺼풀과 아랫눈꺼풀 안쪽에서 흰자위를 덮는 막은 결막, 검은자위를 덮는 막은 각막이라 부릅니다.

우리는 망막에 비친 상이 뇌에 전달되면 비로소 풍경을 인식합니다. 그런데 사실 망막 전체에 사물이 또렷하게 맺히는 건 아니에요. 망막 중심에 있는 아주 작은 한 점이 시력의 대부분을 담당하고 있죠. 이 점을 황반이라 부르고, 황반이 자리한 가운데 부분을 중심 오목(중심와)이라고 부릅니다. 중심 오목의 지름은 고작 0.3밀리미터밖에 되지 않아요. 여기서 조금이라도 상이 벗어나면 시력이 가파르게 떨어져 잘 보이지 않죠. 우리의 시력은 이 좁은 부위에 의존하고 있습니다.

평소에는 무의식적으로 시선을 바삐 움직이기 때문에 이 사실을 알아차리지 못합니다. 우리 눈은 언제나 바라보는 대상을 시선의 중심에 두고 포착하거든요.

망막에는 시각 세포라는 세포가 빼곡히 늘어서 있습니다. 한쪽 눈에만 1억 개가 넘게 있죠. 이 세포가 빛의 자극을 전기 신호로 바꾸면 시신경을 통해서 뇌로 신호가 전달됩니다.

시각 세포에는 두 종류가 있는데, 원뿔 세포(원추 세포)와 막대 세포(간상 세포)입니다. 각각 세포 모양에서 이름을 따와 원뿔 세포는 피라미드처럼 끝이 뾰족하게 생겼고, 막대 세포는 말 그대로 막대처럼 생겼습니다.

막대 세포는 아주 적은 빛에도 반응해서 주로 어두운 곳에서 시력을 발휘하는데, 색은 식별하지 못합니다. 반면 원뿔 세포는 어두우면 제 기능을 발휘하지 못하지만, 색과 형태를 인식할 수 있어 밝은 곳에서 시력을 담당하죠. 1억 개가 넘는 시

망막 각 부위별 시력

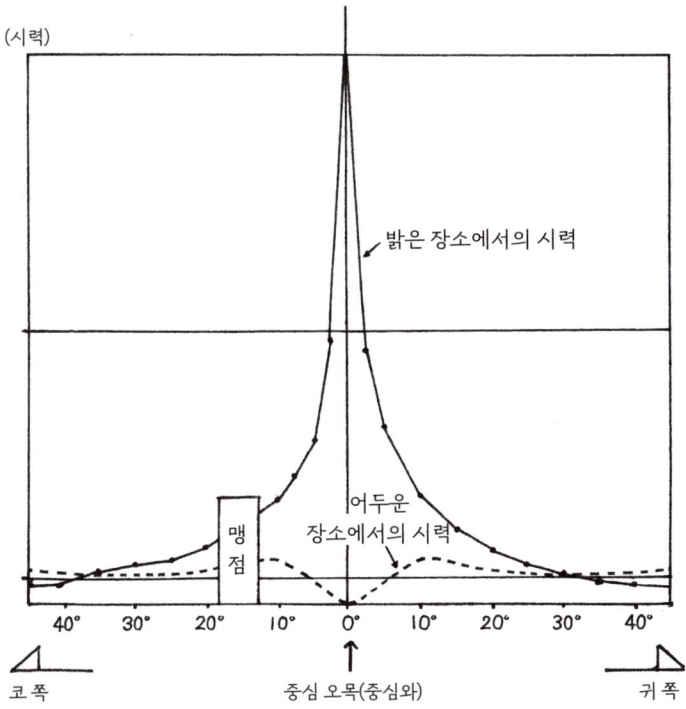

(시력)

밝은 장소에서의 시력

맹점

어두운 장소에서의 시력

40°　30°　20°　10°　0°　10°　20°　30°　40°

코 쪽

중심 오목(중심와)

귀 쪽

각 세포 중에서 90퍼센트 이상이 막대 세포입니다. 5퍼센트 남짓인 원뿔 세포가 중심 오목에 집중적으로 포진해 밝은 장소에서 시력을 내고요. 밝은 곳에서의 시력은 중심 오목에서 코나 귀 쪽으로 갈수록 급격히 떨어지죠. 그래서 시야 중심부에 들어온 글자만 또렷하게 읽을 수 있는 겁니다.

만약 질병이나 외상으로 중심 오목에 상처가 나면 시력이 급격히 떨어질 수 있어요. 어릴 때 맨눈으로 해를 보면 안 된다는 말을 들은 적이 있나요? 그건 태양의 강한 빛이 중심 오목을 상하게 할 수 있기 때문입니다. 중심 오목이 손상되면 안경을 쓰더라도 절대 시력이 좋아지지 않아요. 렌즈로 굴절률을 바꾸어 망막 표면에 상이 또렷이 맺히더라도, 선명하게 인식할 수 없거든요.

맹점을 느껴 보자

시각 세포는 망막 전체에 퍼져 있습니다만, 단 한 군데 전혀 존재하지 않는 지점이 있습니다. 바로 시신경 원판이라는 곳입니다. 뇌에 신호를 전해 줄 시신경들이 망막을 관통해 나오는 곳으로, 맹점이라고도 부릅니다. 중심 오목에서 코 쪽으로 약 15도 떨어진 지점에 있죠.

여러분이 직접 맹점 위치를 확인해 볼 수도 있습니다. 왼쪽 눈을 감고 아래 그림의 '+' 표시에 시선을 고정해 보세요. '●' 표시는 시야 가장자리에 둔 채로 천천히 얼굴을 책 가까이 가져가 봅시다. 거리를 좁히다 보면 어느 순간, '●' 표시가 보이지 않게 됩니다. '●' 이미지가 맹점에 들어온 순간이죠.

맹점 실험

신기하게도 우리는 평소에 맹점의 존재를 알아차리지 못합니다. 한쪽 눈을 감고 보아도 여러분이 인식하는 세상에 빈 곳이라곤 없을 거예요. 그건 뇌가 주위 정보를 바탕으로 추측해서 맹점 부분을 보완하기 때문입니다.

조금 전의 실험을 떠올려 보세요. '●' 표시가 보이지 않게 되었을 때 그 자리에 무엇이 보였나요? 뇌는 '주변이 하얗다'는 정보를 가지고 '흰색'을 채워 넣었을 겁니다.

명순응과 암순응

밝은 곳에 있다가 갑자기 어두운 곳으로 이동하면 처음에는 잘 보이지 않다가 눈이 어둠에 적응하면 주변이 서서히 보입니다. 누구나 경험적으로 알고 있는 이 현상을 '암순응'이라 부릅니다. 주되게 작용하는 세포가 원뿔 세포에서 막대 세포로 서서히 바뀌면서 생기는 현상이죠.

아마 반대 경험도 해 봤을 거예요. 어두운 데서 갑자기 밝은 곳으로 나가면 눈이 부셔서 아무것도 보이지 않다가 차츰 시야가 눈에 들어오죠. 암순응과 반대 작용으로 일어나는 '명순응' 현상입니다.

그런데 명순응과 암순응은 걸리는 시간이 크게 다릅니다.

빛에 적응하는 데에는 5분 정도 걸리는데, 어둠에 적응하는 데에는 30분이나 걸리거든요.

저는 이 흥미로운 현상을 일상에 활용하고는 합니다. 밤중에 소변이 마려워 깜깜한 침실에서 화장실을 더듬더듬 찾아간 경험, 누구나 있죠? 이때 불을 켜서 두 눈이 빛에 노출되면 금방 명순응이 완료됩니다. 대신 볼일을 보고 어두운 방에 돌아가면 다시 눈앞이 침침해지죠.

그래서 저는 한쪽 눈을 감은 채 불을 켜서 한 눈은 암순응을 유지하고, 다른 쪽 눈만 명순응을 시킵니다. 그러면 방에 돌아와 두 눈을 떴을 때 한쪽이 어둠에 적응해 있어서 수월하게 다닐 수 있거든요. 한쪽 눈을 감고 걸으면 거리감을 파악하기 어려워 조심해야 하지만, 실제로 해 보면 생각보다 편리합니다. 더듬거리다 침대 모서리에 발가락을 찧는 불상사를 방지할 수 있죠.

물론 방 불을 켜면 그만이라고 할 수 있겠지만, 장기의 특성을 적극적으로 이용해 효과를 본다면 색다른 만족감을 느낄 거예요.

애니메이션이나 영화 속 해적들은 약속이라도 한 듯 한쪽 눈에 안대를 하고 있습니다. 그 이유에 대해선 여러 설이 있는

데, 암순응을 유지하기 위해서라는 말도 있습니다. 밝은 갑판에서 어두운 선실로 들어섰을 때 안대를 살짝 들치기만 해도 내부를 제대로 볼 수 있으니까요. 환한 데서 작업하다가 갑자기 전투가 벌어지는 선실에 들어가더라도 어둠에 적응해 있던 눈을 사용하면 문제가 되지 않을 겁니다. 이 주장이 사실이라면 확실히 눈의 특성을 활용한 편리한 기술이라고 할 수 있겠습니다.

귀는 눈의 숨은
조력자

흔들리는 책을 읽을 수 있을까?

여러분에게 실험을 하나 더 제안해 볼게요. 이 책을 양손으로 쥔 채 좌우로 살살 흔들면서 글자를 읽어 보는 겁니다. 글자가 마구 흔들려 읽어 나가기가 무척 어려울 거예요. 당연한 일입니다.

그러면 반대로 책은 그대로 두고 머리를 좌우로 조금씩 흔들면 어떨까요? 비슷한 속도로 흔들어도 책을 흔드는 것과 비교하면 훨씬 글자가 눈에 잘 들어왔을 거예요. 의외로 우리의 머리는 좌우로 흔들려도 시야가 흐트러지지 않습니다.

이는 우리 몸이 '전정 안구 반사(안뜰 눈 반사)'라는 기능을 갖추고 있는 덕분입니다. 귀 안쪽에는 우리 몸의 균형을 잡는 전정 기관과 반고리관이라는 기관이 있습니다. 전정 안구 반사가 일어나면 이 기관들이 머리의 움직임을 감지하고, 흔들리는 방향과 반대로 순식간에 안구를 회전시켜 시야가 흔들리는 걸 막아 줘요.

한번 거울 앞에서 머리를 가볍게 흔들어 보세요. 의식적으로 눈을 움직이지 않아도 머리 방향과 반대 방향으로 안구가 자연스레 움직일 겁니다. 길을 걷거나 달리는 중에도 우리 시야는 안정적입니다. 머리가 정신 사납게 흔들려도 주위 풍경을 또렷하게 인식할 수 있죠. 뛰면서 도로 표지판의 글자도 너끈히 읽을 수 있습니다. 머리 움직임에 맞춰 안구가 자동으로 움직여 주기 때문입니다.

전정 안구 반사는 모든 동물이 생존하는 데 꼭 필요한 기능입니다. 얼룩말을 추격하는 사자가 먹이에 시선을 고정한 채 빠른 속도로 달리는 모습을 떠올려 보면, 그 중요성을 체감할 수 있을 거예요.

이러한 반사 작용은 신경 쓰지 않아도 늘 일어나기에 그 고마움을 깨닫기 어렵습니다. 달리면서 카메라로 주위 풍경을 촬영하면 어떤 동영상이 찍힐지 상상해 보세요. 정신없이 흔들려 멀미가 나는 영상을 보게 되겠죠. 만약 우리에게 전정 안구 반사가 없다면, 이런 풍경 속에서 살아가야 합니다.

참고로 요즘에는 광학식 손떨림 보정이라는 고급 기능이 탑재된 카메라도 있습니다. 카메라 움직임에 맞춰 렌즈가 반대 방향으로 움직여 영상의 흔들림을 줄여 주죠. 그 원리는 전정 안구 반사와 동일합니다. 예전 캠코더와 비교하면 대단한 기술력이지만 사실 더 대단한 것은 바로 우리의 눈입니다.

평형 감각을 관장하는 귀

친한 안과 의사에게 듣기로, 어지럼증을 호소하며 안과를 찾는 환자가 생각보다 많다고 합니다. 어지럼증은 '현기증'이라고도 하는데, 눈앞이 빙글빙글 도는 느낌에 눈이 아프다고 생각하기 쉬워요.

그런데 사실 눈이 어지럼증의 원인이 아닌 경우가 많습니다. 오히려 귀에 문제가 생겨 겪는 현기증이 더 흔하죠.

귀가 소리를 듣기 위한 청각 기관이라는 건 누구나 알고 있습니다. 그러나 귀가 평형 감각을 담당하는 기관이라는 건 의외로 모르는 사람이 많아요. 귀 안쪽의 '내이'라는 영역에서 전정 기관과 반고리관이 평형 감각을 담당하고 있습니다.

내이에는 달팽이를 닮은 '달팽이관'도 있습니다. 한자를 써서 '와우관'이라고도 부르죠. 소리가 귀 입구를 통해 안쪽으로 들어가면 고막을 진동시킵니다. 그러면 그 자극을 중이에 있는 귓속뼈(세 개의 작은 뼈로, 망치뼈, 모루뼈, 등자뼈)가 달팽이관으로 전달합니다. 그 진동으로 달팽이관 속에 있던 림프액에 파동이 생기면 청각 세포가 이를 감지해 뇌에 전기 신호를 보냅니다. 이 원리로 우리가 소리를 듣는 것이죠.

그런데 전정 기관과 반고리관에 어떠한 이유로 문제가 생기면 평형 감각에 이상이 생깁니다. 이 상태를 우리는 '어지럼증'으로 인식하죠. 메니에르병이나 전정 신경염, 이석증이 어지럼증을 일으키는 대표적인 귀 질환입니다.

그런가 하면 '돌발성 난청'이라는 귓병도 있습니다. 이름 그대로 어느 날 갑자기 귀가 들리지 않는, 원인을 알 수 없는 병이죠. 돌발성 난청 환자의 20~60퍼센트가 어지럼증을 같이 느낍니다. 난청과 어지럼증은 얼핏 관련이 없는 듯 보입니다. 그러나 듣는 일과 균형 잡는 일을 모두 한 기관에서 맡고 있다는 사실을 알면, 그 연관성을 충분히 이해할 수 있죠. 내이에 생긴 문제가 청각과 평형 감각 양쪽에 영향을 주는 거니까요.

다만 어지럼증의 원인은 귓병 외에도 다양합니다. 뇌경색이나 뇌출혈같이 뇌에 문제가 생겨도 어지럼증이 생길 수 있거든요. 빈혈이나 부정맥 때문에 몸이 휘청거리거나 아찔한 느낌이 든 것을 어지럼증으로 여기는 사람도 있고요. 서로 다른 질병으로 생기는 각각의 현상이 '어지럼증'이라는 같은 말로 표현되는 것입니다.

모든 증상은 본인만 경험할 수 있습니다. 의사가 아무리 기술을 갈고닦아도 환자의 자각 증상을 대신 느껴 줄 수는 없죠. 그래서 이 지극히 '개인적인 경험'을 어떻게든 언어로 표현하고, 몸 안에서 벌어지는 문제에 접근하려는 노력이 의학에서 계속되고 있습니다.

눈물과 콧물이
함께 나는 이유

눈물은 24시간 분비된다

영화관에서 감동적인 영화를 보고 있자면, 여기저기서 훌쩍훌쩍 콧물을 들이마시는 소리가 들립니다. 눈물을 흘렸더니 콧물까지 따라 나온 경험이 누구나 있을 거예요. 코감기에 걸린 것도 아닌데 왜 눈물과 콧물이 함께 쏟아지는 걸까요?

그건 눈과 코가 연결되어 있어 눈물이 코로 흘러 들어가기 때문입니다. 코 점막에서 분비된 액체가 아니라는 점에서 알레르기 비염으로 나오는 콧물과는 성질이 다릅니다. 그래서 울 때 나오는 콧물은 맑고 거의 끈적이지 않아요.

눈물샘과 그 주변

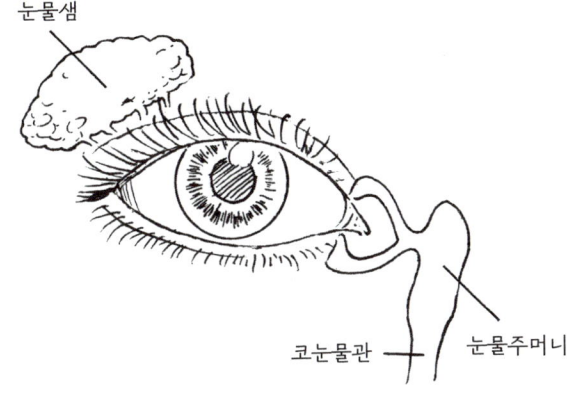

눈물샘

눈물주머니

코눈물관

눈과 코를 연결하는 관을 '코눈물관(누비관)'이라 부릅니다. 눈꺼풀 위에 자리한 눈물샘에서 만들어진 눈물은 안구 표면을 촉촉하게 적시며 일부는 바깥으로 흘러내리고, 일부는 눈머리 쪽에 있는 눈물점이라는 출구로 나갑니다. 눈물점으로 나간 물은 눈물주머니와 코눈물관을 거쳐 코안으로 흘러가죠.

우리는 기쁘거나 슬플 때, 눈에 먼지 같은 이물질이 들어 갔을 때 눈물을 흘리지만, 그때만 눈물이 나는 건 아닙니다. 평소에도 눈물이 조금씩 꾸준히 분비되어 안구를 촉촉하게 적 셔 주고 있죠. 우리가 이를 느끼지 못하는 건 눈물이 항상 코로 배출되고 있기 때문입니다.(코로 넘어간 눈물은 결국 목까지 흘러가 무의식적으로 삼켜집니다.)

여러분이 울 때 눈에서 눈물이 흘러넘치는 건 코로 배출되는 양보다 훨씬 많은 눈물이 나와서예요. 반대로 어떤 이유로 코눈물관이 막히면 '슬프지 않은데 눈물이 흐르는' 현상이 생길 수 있습니다. '코눈물관 막힘(눈물길 폐쇄)'이라는 상태입니다. 평소에도 눈물이 끊임없이 만들어진다는 증거이죠.

귀와 코도 이어져 있다

눈과 코뿐 아니라, 코와 입도 연결되어 있습니다. 누구나 잘 알고 있는 사실이죠. 코에서 깊이 내려가도, 입에서 깊이 내려가도 모두 '목'에서 만나니까요.

코 안쪽에서 코피가 나면 목쪽으로 넘어가 입에서 피가 나올 때도 있습니다. 또 여러분도 모르는 사이에 콧물이 목뒤로 넘어가 만성 기침의 원인이 되기도 합니다. 이비인후과에 가면 '후비루'라고 진단하는 병이에요. 8주 이상 기침이 계속되는 만성 기침의 원인 가운데 20~30퍼센트를 후비루가 차지한다는 연구도 있습니다. 우리 몸의 구조상 콧물 때문에 기침을 달고 살 수도 있는 것이죠.

그런가 하면 귀도 콧속과 이어져 있습니다. '유스타키오관'이라는 가느다란 관으로 연결되어 있죠. 이관, 또는 귀관이라고도 합니다.

귀는 외이(바깥귀), 중이(가운데귀), 내이(속귀) 세 영역으로 나뉩니다. 앞서 살펴본 전정 기관과 반고리관, 달팽이관이 있는 곳이 내이, 고막보다 바깥은 외이, 그 사이를 중이라고 부르죠. 유스타키오관은 그중 중이와 코를 연결합니다. 이 관이 맡은 역할은 귓속의 기압을 조절하는 겁니다.

비행기가 갑자기 고도를 올려 이륙하거나, 엘리베이터를

귀와 코를 연결하는 구조

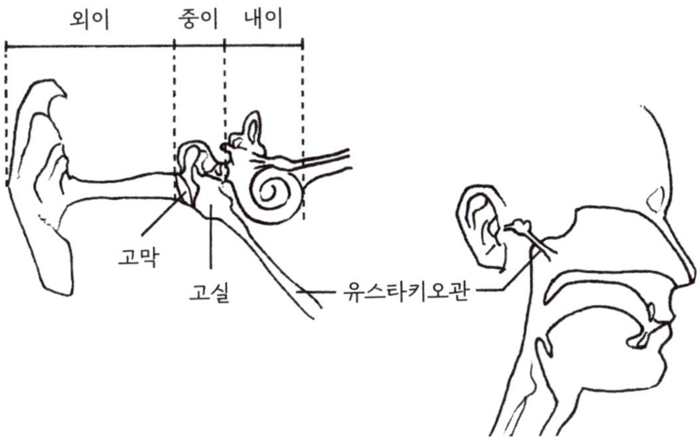

외이 중이 내이
고막
고실 ─── 유스타키오관 ───

타고 고층 건물에 올라갈 때 귀가 먹먹해지면서 불쾌한 느낌이 든 적 있을 거예요. 몸 바깥 기압과 귓속 고실(고막 안쪽의 공간)의 기압 차이로 생기는 현상입니다. 고실의 기압이 낮으면 고막이 안으로 눌리고, 외부 기압이 낮으면 고막이 밖으로 당겨집니다. 그렇게 눌리거나 잡아당겨지니 고막이 진동하는 데에 방해를 받아서 귀에 불쾌한 느낌이 드는 것이죠.

그럴 때 하품을 하거나 침을 꿀꺽 삼키면 그 불쾌감을 줄일 수 있습니다. 닫혀 있던 유스타키오관이 열리면서 공기가 고실로 드나들고, 외부와 기압이 같아지면서 고막 위치가 원래대로 돌아오거든요.

그런데 코와 목구멍 안쪽에 세균이나 바이러스가 번식하면, 유스타키오관을 통해서 귀까지 감염이 퍼질 수 있습니다. 중이염이 생기는 거죠. 평소에는 코와 귀를 연결하는 고마운 통로지만, 때때로 불청객에게 길을 내어 주는 불상사가 생기기도 합니다.

혀가 지닌
다채로운 기능

혀가 맡은 뜻밖의 역할

"혀의 기능은 무엇인가요?"라고 물으면, 대부분의 사람이 맛을 느끼는 기능이라 답할 겁니다. 그렇지만 사실 혀는 그보다 훨씬 다채로운 일을 하고 있습니다.

일단 혀는 '저작(씹기)'과 '연하(삼키기)'라는 기본적인 동작을 돕습니다. 저작은 음식물을 치아로 잘게 부수고 침과 골고루 섞는 과정입니다. 음식물을 잘 씹으려면 당연히 치아와 치아 사이로 음식물을 옮기는 동작이 필요합니다. 이 작업을 바로 혀가 맡고 있죠.

한편, 연하는 음식물을 삼키는 동작입니다. 지금 한번 입안의 침을 삼켜 보세요. 생각보다 여러분의 혀가 복잡하게 움직이는 걸 느낄 수 있을 겁니다. 음식물을 삼킬 때 혀는 숟가락처럼 움푹한 모양으로 변해서, 음식물을 그 안에 모읍니다. 그러고는 앞에서 뒤로 넘어가며 음식물을 목구멍 안쪽으로 밀어 넣습니다.

혀는 여러 근육으로 이루어져 있어서 다양한 모양으로 변신할 수 있고, 복잡한 움직임도 구현할 수 있습니다. 그래서 또 다른 중요한 기능, '발음'이 가능하죠. 입안에 칫솔을 넣고 입천장에 댄 채 "아야어여오요우유으이, 가나다라마바사…"를 발음해 보세요. 혀가 칫솔에 닿는 위치가 소리에 따라 달라지는 걸 느낄 수 있을 거예요.

각각의 소리를 정확하게 발음하려면 혀는 참으로 다양한 움직임을 선보여야 합니다. 예를 들어 'ㄷ, ㄸ, ㅌ, ㄴ' 같은 소리는 혀가 위 앞니 근처에 닿지 않으면 발음할 수 없습니다. 그래서 혀에 암 같은 병이 생겨 일부를 절제하면 발음이 어눌해지거나 특정 발음을 하기 어려워질 수 있어요.

나이가 들면 미뢰가 줄어든다

미각은 맛을 느끼는 감각을 뜻하지만, 그 기능을 보다 정확하게 설명하자면 '물에 녹은 화학 물질을 감지하는 힘'이라 할 수 있어요. 코가 공기 속 화학 물질(냄새)을 감지하는 기관인 것처럼요.

미각은 크게 짠맛, 단맛, 신맛, 쓴맛, 감칠맛 이렇게 다섯 가지로 구분됩니다.(매운맛은 통각으로 수용되어, 미각에는 포함되지 않아요.)

짠맛은 우리가 살아가는 데 필요한 전해질(미네랄)을 감지하고, 감칠맛과 단맛은 영양이 풍부한 음식을 알아보게 해 줍니다. 반대로 신맛과 쓴맛은 상한 음식이나 독성이 있는 음식을 알아보고 먹지 않도록 경고하는 역할을 하죠. 즉, 맛은 생존에 필요한 방어 장치입니다.

하지만 우리는 청국장이나 블루치즈처럼 독특한 냄새가 나는 음식을 좋아하기도 하고, 맥주나 커피 같은 쌉쌀한 음료를 즐기기도 합니다. 시고 쓴 음식이 꼭 사람에게 해롭다는 법은 없으니까요. 우리 사람은 먹는 행위로 행복을 느끼고, 삶의 의미를 찾기도 합니다. 그러니 미각이 반드시 우리 자신을 보호하기 위해서만 있는 건 아닙니다.

그렇다면 맛은 어디에서 느껴질까요? 미각을 관장하는 건 혀 표면에 있는 '미뢰(맛봉오리)'라는 기관입니다. 이름 그대로 봉오리처럼 생겼는데, 화학 물질을 감지하는 센서 역할을 합니다. 크기는 0.05~0.07밀리미터로 아주 작고, 혀 전체에 약 5000개에서 많게는 1만 개나 있습니다. 이 미뢰는 혀뿐 아니라, 입안 점막과 목구멍에도 조금씩 분포해 있는데, 나이가 들수록 그 수가 차츰 줄어듭니다.

코를 막으면 맛을 잘 느끼지 못한다는 사실은, '맛'이 미각과 후각의 합작으로 만들어지는 감각이라는 증거입니다. 더 나아가 통각과 온도감, 촉감 같은 정보도 고루 종합해 맛을 전체적으로 그려 내죠. 맛을 즐기기 위해 우리는 모든 감각을 총동원하고 있습니다.

혀는 촉각에도 상당히 예민합니다. 예를 들어 별 사탕처럼 표면이 뾰족뾰족한 음식을 혀에 대면, 그 모양을 꽤 정확하게 가늠할 수 있어요. 그런데 똑같은 사탕을 등이나 엉덩이에 갖다 대면 어떤 모양인지 전혀 알 수 없을 거예요. 신체 부위마다 자극을 받아들이는 '수용기'의 밀도가 다르기 때문입니다. 밀도가 높을수록 감각하는 정확도도 높아지죠.

뾰족한 연필 두 자루를 피부에 동시에 대고는 점점 그 간격을 좁혀 보면, 어느 순간 두 개가 아닌 하나로 느껴집니다. 이처럼 자극점이 두 개라고 판별할 수 있는 최소한의 거리를 '두 점 식별 문턱값'이라고 부릅니다. 우리 몸에서 등은 두 점이 대략 4센티미터는 떨어져 있어야 구별할 수 있어요. 다시 말해 간격이 3센티미터만 되어도 '한 점'이 등에 닿고 있다고 여긴다는 거죠. 실제로 실험해 보면 우리 등이 얼마나 둔감한지 놀랄 정도입니다.

반면, 혀끝이나 손끝은 고작 3~4밀리미터만 떨어져 있어도 두 점을 식별할 수 있습니다. 시각 장애인들이 손끝으로 점자를 읽는 모습을 떠올리면 손끝의 감지 능력이 얼마나 섬세한지 고개를 끄덕이게 됩니다.

유행성 이하선염과 침샘

하루에 분비되는 침의 양

아마 '볼거리'라는 병을 한 번쯤 들어 봤을 거예요. 볼이 퉁퉁 붓는 모습에서 붙은 이름으로 정식 병명은 아닙니다. 그렇다면 왜 볼거리에 걸리면 볼이 부을까요?

볼거리의 정식 이름은 '유행성 이하선염'입니다. 이하선(귀밑샘)이라는 침샘에 염증이 생기는 감염병이죠. 침샘은 침을 분비하는 기관을 아울러 부르는 이름으로, 이하선 외에도 악하선(턱밑샘)과 설하선(혀밑샘)이 있습니다.

세 침샘에서 하루에 만드는 침은 1~2리터로, 입안으로 이

침샘의 구조

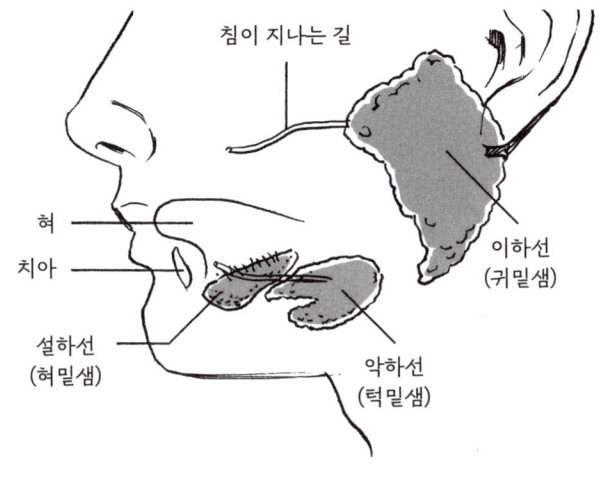

침이 지나는 길

혀

치아

설하선
(혀밑샘)

악하선
(턱밑샘)

이하선
(귀밑샘)

어지는 관을 통해 분비됩니다. 악하선에서 만드는 침이 70퍼센트에 달하죠. 침의 25퍼센트 정도를 담당하는 이하선은 귀 바로 앞, 뺨 쪽에 있어요. 그래서 이하선이 부으면 볼이 퉁퉁 부은 것처럼 보입니다.

유행성 이하선염은 유행성이라는 말에서 보이듯 바이러스에 의한 감염병입니다. 감기와 증상이 비슷하지만, 이 병이 무서운 건 그것이 끝이 아니라는 거예요. 바이러스가 혈관을 타고 온몸을 돌아다니며 여러 장기에 다양한 염증을 일으키기 때문입니다.

유행선 이하선염 환자의 3~10퍼센트가 뇌척수막에 염증이 생기고, 남성 환자의 25퍼센트는 고환염(정소염)을 겪습니다. 여성 환자의 5퍼센트는 난소염, 15~30퍼센트는 유방염(유선염)에 걸리죠. 특히 문제가 되는 건 환자의 4퍼센트가 청력 저하를 겪는 데다가 400명 중 한 명은 영구적으로 회복되지 않는 난청이 생긴다는 겁니다.

중요한 건 이 유행성 이하선염을 예방 접종으로 막을 수 있다는 사실입니다. 그래서 일본에서는 한 살에 1회, 초등학교 1학년에 1회, 총 2회를 접종하라고 권고하고 있습니다.(우리나라 질병관리청에서는 생후 12~15개월과 4~6세에 각 1회씩 총 2회 접종을 권한다. – 옮긴이) 2회 접종을 하면 유행성 이하선염 예방에 매우 효과적이라고 알려졌기 때문입니다.

침의 역할

우리 몸에서 침은 무척 다양한 역할을 맡고 있습니다. 음식물 찌꺼기와 치아에 붙은 치태(플라크)를 씻어 내는 정화 작용, 세균 증식을 억제하는 항균 작용, 점막을 보호하는 작용까지 많은 기능을 하고 있죠.

게다가 침은 녹아내린 치아를 회복시키는 역할도 합니다. 어릴 때 "단 음식을 너무 먹으면 충치가 생긴다."는 말 많이 들었죠? 이는 충치의 원인인 세균이 자당(수크로스)을 분해하고, 그 반응으로 생긴 산이 치아의 표면, 즉 에나멜질을 녹이기 때문입니다. 이 과정으로 치아가 하얗게 부식되는 걸 '탈회'라고 해요. 간단히 말해 산 때문에 치아에서 칼슘이 빠져나가 표면이 약해지는 거예요.

일시적인 탈회는 침이 '재석회화'라는 작용으로 복구해 냅니다. 무기질이 달라붙어 치아 표면이 다시 단단해지거든요. 그런데 탈회가 너무 자주 일어나 그 속도를 재석회화가 따라가지 못하면 치아가 깊숙한 데까지 녹아서 충치가 생깁니다. 즉, 충치가 생길 위험은 간식의 양보다는 오히려 간식을 먹는 빈도에 달려 있습니다.

참고로 자일리톨이나 비당질 계열의 대체 감미료인 스테비아는 자당과 달리 세균이 분해하지 못해 탈회가 일어나지 않습니다. 그래서 자일리톨 껌이나 스테비아를 넣은 식품 광고에서 '충치를 예방하는 효과가 있다'고 홍보하는 것이죠.

침은 소화액으로도 작용합니다. 침 안에 들어 있는 아밀레이스 효소가 음식물 속 녹말(탄수화물)을 분해하죠. 아밀레이스는 이자액에도 들어 있어서 침으로 소화되지 않은 녹말은 나중에 이자액으로 분해됩니다.

녹말은 포도당이 사슬처럼 이어진 구조입니다. 아밀레이스는 이 사슬을 끊어서 포도당이 두 개, 세 개로 연결된 이당류와 삼당류로 분해하죠. 이들은 마지막으로 소장에서 한 개 포도당인 단당류로 분해되어 우리 몸에 흡수됩니다. 침은 이러한 소화 과정에서 첫 단추를 맡고 있습니다.

머리에서 피가 쏟아지면
중상일까?

두피는 피가 나기 쉬운 곳

범죄 수사물이나 스릴러 영화에는 머리를 때리거나 배를 찌르는 장면이 흔하게 나옵니다. 유리 재떨이나 꽃병 같은 걸로 머리를 내려쳐 기절시키면 쓰러진 바닥에 피가 흥건해지는 연출도 단골로 나오죠. 계단에서 구르거나, 높은 데서 떨어져 머리를 다치는 장면에서도 피가 줄줄 흐르는 장면이 자주 묘사됩니다.

왜 하고 많은 부상 중에 머리를 다쳐 피를 흘리는 상황이 자주 등장할까요? 이유는 간단합니다. 많은 사람들이 머리에 피가 나면 치명적인 부상이라고 인식하기 때문이죠.

그런데 머리에서 피가 난다고 해서 반드시 심각한 상태라 볼 수는 없습니다. 사실 두피는 피가 잘 나는 부위거든요. 두 피에는 모세 혈관이 촘촘히 분포되어 있는 데다가 바로 아래에 단단한 머리뼈가 자리하고 있어 살짝만 부딪혀도 피부가 쉽게 찢어지거나 벌어질 수 있습니다. 심한 경우에는 머리 피부가 훌러덩 벗겨져 피가 철철 흐르는 경우도 있습니다.

실제로 머리를 다쳐 피가 흐르면 대부분 놀라서 급히 병원에 찾아옵니다. 출혈량이 많고, 얼굴이나 옷이 피범벅이 되면 누구나 당황하기 마련이에요. 게다가 거울로 확인하기 힘든 부위가 많아서 상처를 제대로 보기도 어렵죠. 그래서 피가 나기만 해도 불쑥 겁이 날 수 있습니다.

머리를 꽝 부딪혀 혹이 난 적 있을 거예요. 그런데 왜 혹은 머리에만 날까요? 저는 어릴 적부터 그게 궁금했습니다. 애초에 '혹'이라는 말을 머리 말고는 쓸 일이 없습니다. 팔다리를 다치면 대개 멍이 들지, 혹이 나지는 않으니까요. 이 수수께끼는 의대에서 몸의 구조를 배우며 간단히 해결됐습니다.

혹은 일종의 '피하 혈종'입니다. 피하 혈종이란 피부 아래에 가느다란 혈관이 터져 피가 고인 상태를 말해요. 말했듯

이 두피는 유독 피가 잘 나는데, 바로 아래 있는 머리뼈 때문에 피가 퍼질 공간이 따로 없거든요. 그래서 혈액이 밖으로 퍼지며 피부가 부풀어 올라 위로 툭 불거지는 거예요. 그게 바로 혹이죠.

피부 겉에만 상처가 났다면 대부분의 경우 생명에 지장이 없어요. 깨끗한 수건이나 천으로 상처 부위를 압박해 지혈하고, 차분히 병원에 가서 봉합 치료를 받으면 그만입니다.

하지만 머리뼈안(두개강)에서 나는 출혈에는 바짝 긴장해야 합니다. 머리를 다쳐 피를 흘리는 환자들에게 저는 이렇게 말하고는 합니다.

"겉에만 다쳤다면 꿰매면 되니 걱정 마세요. 중요한 건 머릿속 출혈 여부입니다. 지금 검사에서는 출혈이 없어도 나중에 출혈이 생길 수 있으니 한번 지켜봅시다."

머리에 심한 타박상을 입으면 머리뼈 내에 출혈이 생겨 목숨이 위태로워질 수 있거든요. 멀쩡하게 묻는 말에 답하던 사람이 갑자기 의식을 잃고 쓰러지거나, 말과 행동이 어눌해지거나, 팔다리가 마비되는 증상을 보이면 머리뼈안의 출혈을 의심해야 합니다.

그래서 어떤 병원에서는 머리를 다친 환자가 오면 여러 증상을 확인해 볼 수 있는 문진표를 건네주기도 합니다. 머리 부상은 의사가 쓱 보기만 하고 "괜찮네요."라고 단언할 수 없거든요.

눈 주변이 판다처럼 변하면

어떤 경우에는 머리에 타박상을 입고 일주일에서 한 달이나 지난 뒤 출혈이 나타나기도 합니다. 이를 '만성 경막하 혈종'이라고 부르는데, 특히 노인에게 많이 발생합니다. 어딘가에 물건을 두고 까먹는 일이 잦거나, 어지러워하는 증상이 나타나면 고령의 나이 때문에 가족이 치매라고 오해해서 제대로 된 진단과 치료가 늦어지기도 합니다.

이 경우에는 겉으로 보기에 머리의 출혈이 없는 데다가 환자 본인이나 가족들이 머리를 부딪혔다는 사실을 기억하지 못하기도 합니다. 언제 어디서인지는 모르지만, 머리를 부딪힌 후 서서히 출혈이 생기고 서서히 상태가 나빠지죠. 머리에서 피가 난다고 꼭 심각한 상태는 아닐 수 있고, 보이는 데서 피가 나지 않는다고 해서 가볍게 여길 일도 아닌 거죠.

여담 하나 들려드리죠. 이마에 혹이 생겼다가 다음 날 눈 주위가 판다처럼 거무스름해져 깜짝 놀라 병원을 찾는 분들이 있습니다. 혹시 이마를 다치면서 눈에도 충격이 간 건 아닐까, 하는 염려를 안고 방문하죠.

이건 피부 아래 고인 피가 이동해서 생기는 현상으로, 그리 드문 일은 아닙니다. 혹에 몰려 있던 피가 중력의 영향으로 아래로 내려왔을 뿐이죠. 대부분 자연스럽게 색이 연해지다가 흡수되어 사라집니다.

다만, 피부가 얇은 노인들은 단순한 타박상도 주의해야 합니다. 피부 표면의 혈액 순환이 젊은 사람만큼 원활하지 못해 피부가 괴사하는 경우도 있기 때문입니다.

이처럼 우리 몸은 어딘가에 부딪히기만 해도 이런저런 변화가 생깁니다. 어떤 변화가 생겨도 무슨 이유로 생기고 어떻게 낫는지 모두 이론적으로 설명할 수 있어요. 인체의 구조를 알면 예측할 수 없는 현상에 놀라 쩔쩔매지 않을 수 있습니다.

심장 박동의 원리

심장에 얽힌 인류의 의문

여러분의 심장은 1분에 몇 번이나 뛰고 있을까요? 개인에 따라, 나이에 따라 다르지만 보통 60~70회 정도 뛴다고 합니다. 이를 기준으로 계산해 보면 하루에 약 8만 회, 1년에 약 3000만 회를 뛰고, 80년을 살면 평생 약 20억 회 이상 뛰는 셈이죠. 참으로 어마어마한 수치입니다.

옛날부터 인류는 심장이 어떻게 끊임없이 움직이는지 무척 궁금했던 모양입니다. 과거 사람들은 공기 속 '생명 에너지'를 받아들여 심장과 동맥이 뛴다고 상상하기도 했습니다.

3장에서 자세히 설명하겠지만, 심장이 펌프 같은 기능을 하는 장기이며 온몸에 혈액을 순환시킨다는 사실은 17세기 이후에야 드러났습니다. 심장 박동의 신비는 20세기 전반에 걸쳐 밝혀졌고요.

심장이 오므라졌다가 부푸는 것을 '심장 박동'이라고 하죠. 심장 박동은 심장에 전기 신호가 전달되면서 일어나는 신체 현상입니다. 이 현상은 우리 몸의 '자극 전도계'를 통해 일어납니다.

심장은 하나의 커다란 덩어리가 아니라 네 개의 방으로 이루어져 있습니다. 각 방의 이름은 우심방, 우심실, 좌심방, 좌심실입니다. 이 방들이 적절한 박자에 맞춰 질서 정연하게 '수축'과 '이완'을 반복합니다. 만약 따로따로 움직이면 혈액을 원활하게 순환시킬 수 없어요. 그래서 자극 전도계는 회사에 대표부터 직원까지 체계가 있는 것처럼, 위에서 아래로 지시가 전달되는 구조로 되어 있습니다.

대표 역할을 맡는 건 '동방 결절'입니다. 처음 지시를 내리는 부위로, 심장 박동의 리듬을 관할하는 '페이스메이커' 역할을 하죠. 우심방 입구에 자리해 있으며 규칙적으로 전기 신호를 만들어 냅니다.

자극 전도계의 구조

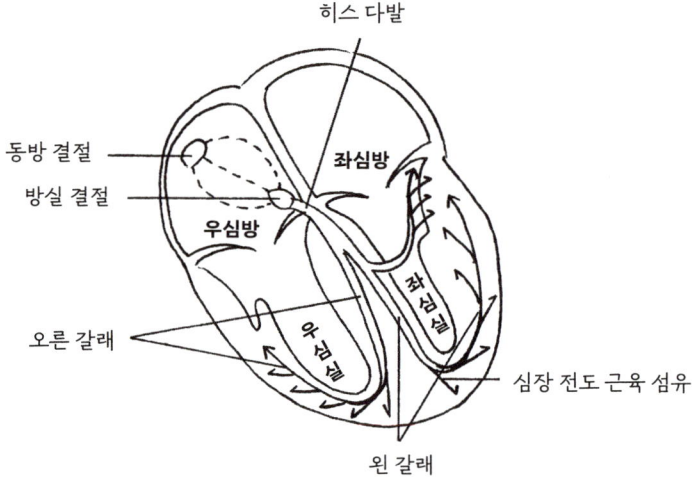

히스 다발

동방 결절

방실 결절

좌심방

우심방

좌심실

오른 갈래

우심실

심장 전도 근육 섬유

왼 갈래

동방 결절이 내린 지시는 '방실 결절'로 전달됩니다. 방실 결절은 네 개 방의 거의 가운데에 자리 잡고 있습니다. 방실 결절은 심방과 심실이 동시에 수축하지 않도록 신호를 살짝 지연시켰다가 다음 차례로 전달합니다. 그 뒤로 히스 다발, 왼 갈래와 오른 갈래, 심장 전도 근육 섬유(푸르키네 섬유)가 신호를 넘겨받지요. 이 신호들은 전선처럼 연결되어 심장의 구석구석까지 전달되고, 근육을 수축시킵니다.

방실 결절에는 '아쇼프-다와라 결절'이라는 별명도 있습니다. 1906년에 일본의 병리학자 다와라 스나오가 이 결절을 처음 발견하고, 스승이었던 독일의 병리학자 카를 아쇼프의 이름을 따서 이런 이름을 붙였죠.

자극 전도계 어딘가에 문제가 생기면, 전기 신호가 매끄럽게 전달되지 않습니다. 이 전달 체계에 문제가 생기면 생기는 질환이 바로 '부정맥'입니다.

어떤 부분에서 어떤 문제가 생기느냐에 따라 부정맥의 종류는 다양합니다. 예를 들어 동방 결절에 문제가 생기면 지시를 내리는 빈도가 줄어들고 심장 박동 수가 떨어지는 '동기능 부전 증후군'이 생깁니다. 방실 결절에 문제가 생기면 '방실 차단'이라는 부정맥이 생길 수 있죠.

누구나 잘 알고 있듯, 심장 박동은 늘 일정하지 않습니다. 긴장을 하거나 격한 운동을 하면 빨라지죠. 이러한 조절은 뇌에서 자율 신경을 통해 이루어집니다. '자율'이라는 이름에 나타나듯 온몸의 다양한 생명 유지 기능을 스스로 조절하는 신경이죠.

근육으로 이루어진 심장

장기를 설명할 때 저는 소고기나 닭고기 부위를 예시로 들고는 합니다. 바비큐나 닭갈비 같은 음식 때문에 사람들이 소와 닭의 근육이나 장기에 익숙하다 보니 그 형태를 상상하기 쉽거든요. 심장의 경우, 닭 염통 꼬치를 떠올리면 이해하기 쉽습니다. 염통 꼬치처럼 심장은 정말 근육 덩어리입니다. 이 근육을 '심근'이라고 부릅니다.

심근은 팔다리 근육과 달리 자력으로 움직일 수 없습니다. 자기 마음대로 심장을 움직일 수 있는 사람은 없죠. 당연히 멈추는 것도 불가능합니다. 이렇게 의도와 무관하게 움직이는 근육을 '불수의근'이라고 합니다. 반대로, 의도에 따라 움직임을 조절할 수 있는 근육은 '수의근'이라 불러요. 심근은 대표적인 불수의근입니다.

심장은 안정적인 상태에서 1분에 5리터 상당의 혈액을 내보냅니다. 성인을 기준으로 우리 몸 전체에 있는 피의 양은 대략 5리터라고 해요. 즉, 1분 동안 우리 몸 전체의 혈액이 한 바퀴 도는 셈입니다. 이 양은 운동을 하면 크게 오르내립니다. 심장 박동 수가 올라가면 심근의 수축력도 늘어나거든요. 그러면 심장은 1분에 최대 약 35리터까지 심장박출량(심장이 한 번 수축할 때 뿜어내는 혈액량)을 늘립니다.

이처럼 심장은 수축을 반복하는 '펌프' 같은 장기인 동시에 이완을 통해 혈액을 빨아들이는 '진공청소기' 같은 장기입니다. 혈액을 힘차게 내보내려면 그만큼 혈액이 다시 돌아와야겠지요? 그래서 수축하는 힘만큼이나 이완하는 힘도 중요합니다.

심장과 혈관을 전문으로 보는 내과를 '심장내과' 또는 '순환기내과'라고 부릅니다. 심장에서 나간 혈액은 온몸을 순환합니다. 그래서 심장뿐 아니라 혈액 순환 체계 전부를 담당하는 겁니다.

혈액 순환에는 두 가지 종류가 있습니다. 바로 '폐순환'과 '체순환'으로, 폐에서 얻은 산소를 우리 온몸에 전하는 과정입니다. 이 두 순환이 교대로 반복하면서 우리 몸에 피가 끊임없이 돌게 합니다.

폐순환은 우심실에서 나온 혈액이 폐를 지나며 이산화 탄소는 내보내고 산소를 받아 좌심방으로 돌아오는 과정이에요. 체순환은 좌심실에서 나온 혈액이 온몸을 지나며 산소를 주고 이산화 탄소를 받아 우심실로 돌아오는 과정이죠.

이 두 순환 과정을 다음 장에서 간단히 그림과 함께 살펴보겠습니다.

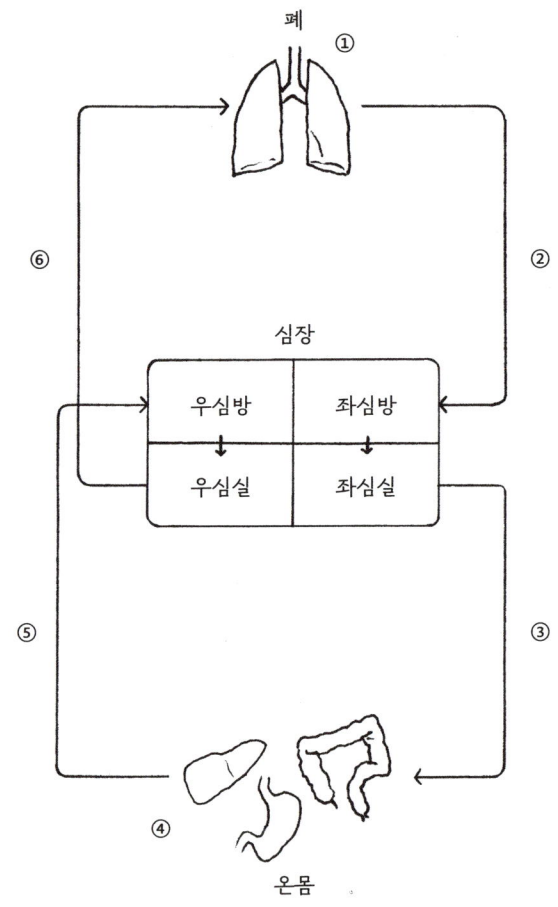

먼저 ① 폐로 흘러 들어온 혈액에 산소가 공급돼요. 그러면 ② 산소를 실은 혈액이 폐정맥을 타고 좌심방으로 들어갑니다. 그리고 좌심방 바로 옆에 붙어 있는 좌심실로 이동하죠. ③ 좌심실에서 나온 혈액은 대동맥을 타고 온몸으로 보내집니다. 그리고 혈액 속 산소가 각 장기에서 소비됩니다. 동시에 ④ 혈액은 각 장기에서 배출되는 이산화 탄소를 수거합니다. ⑤ 이산화 탄소가 녹아든 혈액이 심장의 우심방으로 돌아옵니다. 그리고 우심방에서 우심실로 이동하죠. ⑥ 이 혈액은 우심실에서 폐로 보내져 이산화 탄소를 내놓고, 산소를 다시 흡수하죠. 이때 폐에서 이루어지는 산소와 이산화 탄소 교환을 '가스 교환'이라 부릅니다.

이렇게 혈액은 심장을 중심으로 숫자 '8' 모양을 그리며, 폐와 온몸을 바삐 오갑니다.

뇌가 호흡을 관장한다

호흡의 신비

심장 박동은 우리 힘으로 멈출 수 없지만, 호흡은 스스로 멈출 수 있습니다. 평소보다 깊게 숨을 들이쉬거나, 땅이 꺼져라 크게 한숨을 내쉴 수도 있죠. 그런 점에서 호흡은 심장 박동보다 훨씬 '자유로운' 활동입니다.

그렇다고 우리가 늘 의도대로 호흡을 조절하고 있는 건 아니에요. '오늘은 1분에 18회 호흡해야지.'라고 작정하고 숨을 쉬는 사람은 없으니까요. 대체로 호흡은 무의식적으로 이루어집니다. 호흡하는 횟수는 개인차가 있지만, 보통 1분에 약

12~20회, 하루에 약 2.5만 회, 1년에 약 1000만 회입니다. 평생 약 8억 회의 숨을 쉬는 꼴이죠.

우리가 자유롭게 호흡을 멈추더라도, 영원히 숨을 참을 수는 없습니다. 고작 1분만 숨을 참아도 금방 헉헉거리게 되니까요. 또 운동을 하거나 몸을 많이 쓰면 의식하지 않아도 자연스럽게 호흡이 빨라집니다.

즉, 호흡은 거의 '자동'으로 이뤄지며 어느 정도 '수동'으로 조절할 수 있는 신비로운 활동입니다. 대체 어떻게 이런 구조가 가능한 걸까요?

우리 몸에서 호흡을 자동으로 조절하는 중추는 뇌간(뇌줄기)입니다. 이 호흡 중추가 혈액 속 산소와 이산화 탄소의 분압(혼합 기체에서 특정 기체가 차지하고 있는 압력), 산성도를 일정하게 유지해 호흡 리듬을 규칙적으로 가다듬어 주죠.

숨을 끝까지 참을 수 없는 이유

또 심장과 바로 이어져 있는 대동맥활(대동맥궁)이라는 활 모양의 혈관과 목에 있는 굵은 경동맥에는 혈액의 산소와 이산화 탄소 분압, 산성도 변화를 감지하는 기관이 있습니다. 말하자면 전쟁에서 적의 동태를 파악하려 파견하는 정찰대 같은 기관입니다. 각각 '대동맥 소체', '경동맥 소체'라고 불러요. 이 정찰대가 사령관인 뇌간에 수집한 정보를 전달합니다. 이 구조를 밝힌 벨기에 출신 생리학자 코르네유 하이만스는 그 공로로 1938년에 노벨 생리·의학상을 받았습니다.

뇌에서 우리가 생각할 때 사용하는 부위는 대뇌 피질(대뇌 겉질)입니다. 원하는 만큼 숨을 참거나 심호흡을 할 수 있는 건 이 대뇌 피질도 호흡 운동을 제어할 수 있기 때문이에요. 호흡을 자발적으로 조절할 수 있단 뜻이죠.

숨을 참다가 도저히 참을 수 없는 순간이 오는 건 호흡 중추의 명령이 대뇌 피질의 명령보다 우선적으로 접수되고 처리되기 때문입니다. 호흡 중추는 생명과 직접 관련된 기능을 담당해요. 우리 몸은 이 중요한 일을 대뇌 피질에 맡기는 '위험천만한' 구조가 아닙니다.

풍선 같은 폐

그렇다면 폐에서 공기는 어떻게 드나들고 있을까요? 얼핏 폐 자체가 부풀어 오르는 힘이 있다고 생각하기 쉬운데, 사실 그렇지 않습니다. 폐는 단순한 풍선과 같아요. 풍선이 스스로 형태가 변하는 힘은 없듯이, 폐도 자체적으로 늘어났다 쪼그라드는 기능은 없습니다.

이를 잘 이해할 수 있는 실험이 있어요. 다음 장의 그림처럼 페트병을 반으로 자르고, 그 바닥을 랩 같은 것으로 감쌉니다. 병 주둥이는 열어 두고 빨대 같은 관에 두 개의 풍선을 연결해 공기가 드나들 수 있게 해 줍니다. 이 모형에서 풍선은 폐, 풍선과 연결된 두 갈래 관은 기관, 바닥의 막은 가로막(횡격막)에 해당합니다. 페트병 안은 흉강(가슴안)이고요.

바닥의 막을 아래로 당기면, 페트병 안의 기압이 내려갑니다. 그러면 균형을 맞추기 위해 바깥에서 풍선으로 공기가 들어오죠. 풍선 안의 기압이, 페트병 내부의 기압과 같아질 때까지 풍선은 부풀어 오릅니다. 우리가 숨을 들이쉴 때의 모습도 이와 같습니다.

반대로 바닥의 막을 당기던 손을 풀면 페트병 안의 기압은 원래대로 돌아가고, 풍선 안의 공기는 자연히 밖으로 빠져나가죠. 이는 우리가 숨을 내쉴 때 일어나는 변화에 해당합니다. 다시 말해 폐 자체가 스스로 크기를 바꾸지 않고, 흉강의 기압에 맞춰 자연스럽게 부풀거나 쪼그라드는 것이죠.

실제 우리 몸에서는 가로막 외에도 호흡에 관여하는 기관들이 있어요. 가슴안을 감싸고 있는 흉추, 늑골, 흉골과 가로막

폐의 구조

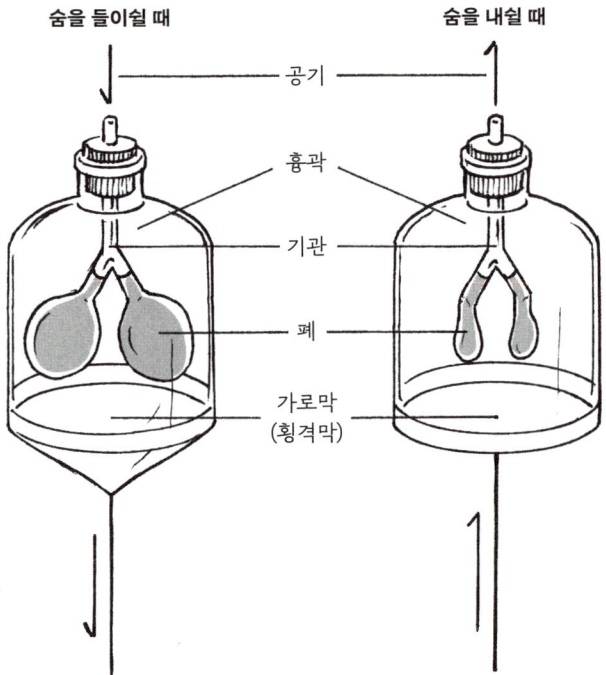

숨을 들이쉴 때   숨을 내쉴 때

공기

흉곽

기관

폐

가로막
(횡격막)

대단한 인체

으로 이루어진 원통 모양의 부분을 '흉곽(가슴우리)'이라고 부릅니다. 모형에 대입해 설명하면 둥그런 페트병 자체라고 할 수 있죠. 우리 몸에서는 이 흉곽도 움직이며 호흡을 돕습니다. 숨을 깊게 들이마셨다가 내쉬면 늑골, 즉 갈비뼈가 크게 벌어지며 가슴이 부푸는 모습을 확인할 수 있어요.

격렬한 운동을 할 때는 어깨 근육도 흉곽을 넓히는 데 쓰입니다. 전속력으로 달리는 운동선수가 어깨를 위아래로 들썩이는 모습을 떠올리면 이해하기 쉬울 거예요.

호흡 운동에 관한 정보는 감각 신경을 통해 호흡 중추로 전달되고, 호흡 리듬을 조절하는 데 활용됩니다. '지금 어느 정도 숨을 들이마셨고, 얼마나 내쉬고 있는지'를 실시간으로 파악해 적절하게 지시를 내려야 하거든요.

가로막은 이름에 '막'이 들어가서 얇은 막으로 생각하기 쉽지만, 실제로는 두툼한 근육입니다. 고깃집에서 먹는 부위에 비유하면 안창살에 해당하죠. 척 보기에도 탄탄한 근육질로 보이는 부위와 비슷해요.

앞서 말했듯 장기를 연상할 때 고기 부위를 상상하면 쉽게 이해되는 건 인간도 자연계에 숱한 척추동물 가운데 하나에 지나지 않기 때문이에요. 장기 형태가 크게 다르지 않죠.

외과 의사로 일하다 보면 수술 후 환자나 그 가족에게 절제한 장기를 보여 줄 기회가 종종 있습니다.(실물일 때도 있고 사진일 때도 있죠.) 그때 소장이나 대장을 보일 경우, 그 모습이 '곱창'과 똑 닮았다고 말하는 분이 많아요.

사람의 장기를 처음 보더라도 어디선가 봤던 듯 익숙한 느낌이 든다는 사실은 우리도 자연계에 존재하는 동물이라는 걸 깨닫게 합니다.

위 나선균과 노벨상

위암을 유발하는 가장 큰 원인

암은 유전자에 변화가 생겨 세포가 무질서하게 증식하는 질병입니다. 몸집을 불리는 과정에서 주변 장기를 해치기도 하고, 목숨을 위협하기도 합니다.

대부분 암은 다양한 원인이 복합적으로 영향을 줘 발생하기에 한 가지 이유만을 꼽기 어렵습니다. 그럼에도 각 암의 발병 위험을 높이는 위험 인자는 널리 알려져 있죠.

예를 들어 폐암은 흡연자가 많이 걸립니다. 담배를 피우면 비흡연자보다 4.8배나 폐암 발생률이 높죠. 흡연이 폐암의 최대 위험 인자인 것입니다. 참고로 후두암 발생률도 5.5배이며 식도암은 3.4배 높습니다.

그렇다면 위암은 어떨까요? 위암 위험 인자로는 소금과 염장 식품이 알려져 있습니다. 염장 식품은 김치나 장아찌같이 소금을 절여 만드는 음식입니다. 또 흡연이 위암 발병에도 영향을 준다는 사실이 알려져 있죠.

그런데 최근에 위암에 더 확실한 위험 인자가 있다는 사실이 밝혀졌습니다. 바로 위 나선균(헬리코박터 파일로리균)이라는 세균입니다. 위에 이 균이 감염되면 위 점막에 만성적인 염증이 생깁니다. 이대로 시간이 지나면 위축 위염이 되는데, 위 표면이 얇아지는 상태예요. 그러면 위암이 발생하기 쉽다고 여겨지고 있죠.

위 나선균에 감염된다고 반드시 위암에 걸리는 건 아닙니다. 그럼에도 위 나선균은 강력한 위험 인자 가운데 하나입니다. 비감염자보다 위암 발생 위험이 15~20배 이상 높고, 위암 환자 가운데 위 나선균 감염이 없는 경우는 1퍼센트 이하로 알려져 있습니다.

그렇다면 위 나선균은 어떻게 사람에게 감염될까요? 알고 보면 대부분 가정에서 감염됩니다. 특히 유아기에는 부모가 아이에게 음식을 씹어 전해 줘서 입으로 균을 옮기는 사례가 많아요.

몸에 위 나선균이 있는지 확인하는 검사는 많습니다. 흔히 이루어지는 건 '요소 호기 검사'입니다. 요소가 섞인 약을 마신 뒤 내뱉는 숨을 분석하는 방식이죠. 위 나선균은 요소를 분해하는 특성이 있거든요. 요소가 분해되면 이산화 탄소와 암모니아가 생기는데, 만약 위에 균이 있으면 약 속에 있던 요소가 분해되어 날숨에 이산화 탄소가 섞여 나옵니다. 이로써 위 나선균이 있는지 확인하는 원리이죠.

원래 날숨에는 이산화 탄소가 포함되어 있지 않냐고요? 맞습니다. 그래서 약에 들어가는 요소 속 탄소 원자(C)를 동위 원소인 ^{13}C로 바꾸는 작업을 해 둡니다. 일반적인 이산화 탄소(CO_2)가 아닌, $^{13}CO_2$가 검출되도록요. 자연계에는 질량이 다른 여러 탄소 원자 C가 존재하는데, 그중 약 90퍼센트가 ^{12}C입니다. 그래서 요소 호기 검사에서 $^{13}CO_2$가 검출되면 위 나선균이 있다는 걸 증명할 수 있어요. 물론 ^{13}C는 인체에 해가 없습니다.

위 나선균은 위암 외에도 위 용종, 림프종, 위와 십이지장 궤양 등 여러 질병과 관련이 있습니다. 위궤양과 십이지장 궤양의 원인을 물으면 열에 아홉이 스트레스나 과음과 과식이라 대답하지만, 실제로는 약 90퍼센트 정도가 위 나선균 또는 진통제랍니다.(진통제가 왜 원인인지는 3장에서 자세히 다룰게요.)

위 나선균 발견

인류가 위 나선균을 발견한 건 1982년입니다. 그 전까진 위 안에 세균이 서식할 수 없다고 생각했어요. pH 농도 1이라는 강력한 산성 때문이었죠.

그런데 호주의 병리학자 로빈 워런이 위에 미지의 세균이 있는 걸 확인하고, 배양을 시도했습니다. 이 세균의 존재를 증명하려면 배양해서 증식시켜야 했거든요. 이 연구에는 같은 호주 의사였던 배리 마셜도 참여했습니다.

로빈 워런

배양을 하려면 위 표면을 문질러 얻은 검체를 배지 위에 두고, 세균이 증식하는지 확인해야 합니다. 배지란 세균이 잘 자라게 하는 영양소가 풍부한 물질이에요.

예상과 달리 실험은 순조롭지 못했습니다. 몇 번을 시도해도 세균이 배지 위에서 전혀 증식하지 않는 거예요. 그러다 하나의 우연이 이 실험을 성공으로 이끌었습니다. 부활절 연휴를 보내던 마셜이 깜빡하고 배지를 닷새나 방치하고 만 것입니다. 그런데 이 방치가 뜻밖의 결과를 가져왔습니다. 증식 속도가 느린 위 나선균이 휴가 기간 동안 열심히 증식해 배지 위에 멋진 덩어리를 형성한 것이었죠.

　이 덩어리를 현미경으로 관찰해 보니 지금껏 학계에 보고된 적 없는 나선형 세균이 자리하고 있었습니다. 워런과 마셜은 나선형(helical)의 세균(bacteria)이 위뒷문(pylorus)에 있던 것에 착안해서 이 세균에 헬리코박터 파일로리(Helicobacter pylori)라는 이름을 붙였습니다. 위 나선균을 부르는 또 다른 이름이죠.

　위에 위 나선균이 존재한다는 것은 증명했으니 다음은 이 세균이 병을 일으키는지 확인할 차례였습니다. 이를 증명하기 위해 마셜은 놀랍게도 자기 몸에 실험을 감행했습니다.

　1984년, 마셜은 위 나선균과 위염의 관련성을 증명하기 위해 직접 위 나선균을 삼켰습니다. 그 결과 심각한 위염과 위궤양이 생겼고, 이 내용을 논문에 실어 학계에 발표했습니다. 위에 세균이 있을 리 없다 생각했던 이들을 설득하기에 충분한 결과였습니다. 훗날 위 나선균이 위암을 비롯한 여러 질병을 일으킨다는 사실이 밝혀졌고, 공중위생의 중요성도 강조되었습니다.

워런과 마셜은 위 나선균을 죽이는 방법도 연구했습니다. 그 결과, 두 종류의 항생제와 위산 억제제를 함께 하루에 두 번, 1~2주간 복용하는 제균 요법으로 치료하게 되었습니다.(세 가지 약을 한 세트로 팔기도 합니다.) 마셜 본인도 이 요법으로 위 나선균 치료에 성공했죠. 마셜과 워런은 그 공로를 인정받아 2005년에 노벨 생리·의학상을 받았습니다.

위 나선균은 어떻게 그토록 강력한 산성 환경에서 생존할 수 있을까요? 사실 지금까지의 설명에 힌트가 있습니다. 위 나선균이 생성하는 암모니아가 염기성 물질이라 주위 산성을 중화하거든요.

인류의 적, 세균은 만만치 않습니다. 위라는 혹독한 환경에서 살아남기 위해 자기만의 진화를 이룩했으니까요.

대변은 왜 갈색일까?

십이지장은 교통의 요충지

십이지장이 소장의 일부라고 하면 고개를 갸웃할 사람이 많을 거예요. 십이지장이라는 이름은 들어 봤어도 어디에 붙어 있는지, 무슨 일을 하는 장기인지 잘 모르는 경우가 많으니까요.

위의 출구에는 '위뒷문(유문)'이라는 검문소가 있습니다. 이를 통과하면 바로 십이지장이 나와요. 소장은 십이지장(샘창자), 빈창자(공장), 돌창자(회장) 세 구역으로 나뉩니다. 그중에서 십이지장은 가장 상류에 자리 잡은, 알파벳 C자 모양의 장기예요.

십이지장은 손가락 열두 마디 정도 길이라고 해서 붙은 이름입니다. 대략 25센티미터 정도 되죠. 십이지장을 포함한 소장은 우리 몸이 영양분을 흡수하는 데 가장 중요한 역할을 하는 장기입니다.

십이지장과 주변 장기

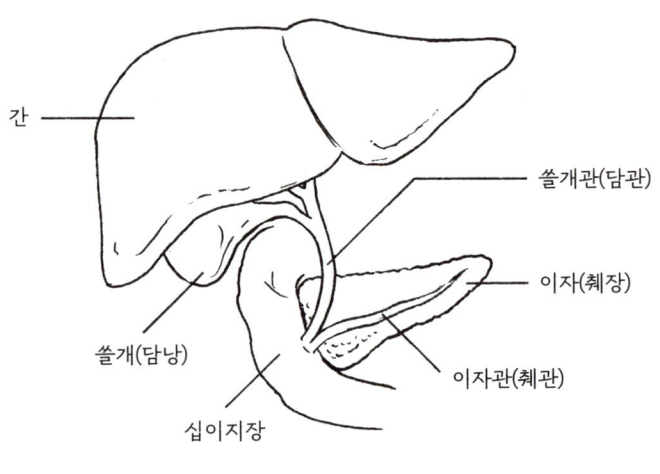

그중에서도 십이지장은 '교통의 요충지'로서 중요한 노릇을 합니다. 십이지장은 이자(췌장)와 딱 붙어 있는데, 이자의 중심부를 지나는 이자관은 십이지장으로 이어집니다. 이자에서 만들어진 이자액은 이 관을 지나 십이지장으로 흘러 나가

대단한 인체

음식물과 골고루 섞이죠.

이자액에는 음식물 소화에 필요한 효소가 여럿 들어 있습니다. 앞서 소개한 당질을 분해하는 아밀레이스를 비롯해 단백질을 분해하는 트립신과 키모트립신, 지질을 분해하는 라이페이스 등이죠. 즉, 이자액은 3대 영양소를 모두 분해할 수 있는 겁니다.

십이지장에 이어진 장기는 또 있습니다. 바로 쓸개관(담관)입니다. 쓸개관은 간에서 만들어진 쓸개즙이 지나는 관입니다. 쓸개즙은 주머니 같은 쓸개에 저장되어 있다가 이자액처럼 십이지장으로 나가 음식물과 섞입니다.

쓸개즙은 음식 속 지방을 흡수하기 쉬운 형태로 바꾸는 역할을 합니다. 국밥 위에 방울방울 떠 있는 기름을 상상해 보세요. 지질은 물에 녹지 않습니다. 그때 쓸개즙이 나서서 기름을 잘게 쪼개 물과 잘 섞이는 작업을 해 주는데, 이를 '유화'라고 합니다.

이처럼 십이지장은 주변 장기와 긴밀하게 이어져 있는 중요한 소화 기관입니다.

붉거나, 검거나, 흰 대변

만약 사람들에게 '똥'을 그려 보라고 하면 아마 누구나 갈색으로 그릴 겁니다. 대변이 갈색인 건 당연하니까요. 하지만, 한번 생각해 봅시다. 우리는 매일 갖가지 색의 음식을 먹습니다. 입으로 들어갈 땐 빨강, 초록, 노랑 등 다채롭던 색이 왜 나올 때는 모두 갈색이 되는 걸까요?

우리 대변이 갈색인 이유는 '쓸개즙' 때문입니다. 좀 더 정확히 말하면, 쓸개즙 안에 있는 빌리루빈(담적소)이 장내 세균의 작용으로 스테르코빌리노겐이라는 물질이 됩니다. 이것이 또 산화하면 스테르코빌린이 되는데, 이 물질이 대변을 갈색으로 보이게 만들어요.

빌리루빈은 적혈구 속 헤모글로빈이 분해되어 생깁니다. 적혈구는 수명이 120일 정도 되는데, 오래된 적혈구가 파괴되면 그 안에 있던 헤모글로빈이 간에서 빌리루빈으로 변합니다. 그러고는 쓸개즙 성분이 되어 십이지장에 흘러가지요.

만약 어떠한 이유로 쓸개관이 막혀 쓸개즙이 십이지장으로 흘러가지 못하면 어떻게 될까요? 음식물과 쓸개즙이 섞이지 않기 때문에 희멀건 대변이 나오게 됩니다.

이렇게 질병으로 인해 대변 색이 변하는 경우가 더러 있습니다. 예를 들어 대변에 피가 섞이면 검붉은 대변이 나옵니다. 대장이나 항문 등에서 출혈이 일어나면 그대로 피가 대변에 달라붙어 붉어지거든요.

반면, 위나 십이지장처럼 상류에서 출혈이 생기면 대변이 새까매집니다. 소화 기관을 지나 항문까지 가는 긴 여정에서 헤모글로빈이 검게 변하기 때문입니다. 그러면 마치 국물이 졸아들도록 오래 끓인 미역국처럼 새까맣고 끈적끈적한 대변이 나옵니다.

약을 복용해서 대변 색이 변할 수도 있습니다. 내시경 검사를 위해 디아제팜을 먹으면 대변이 하얘지고, 빈혈 치료 목적으로 철분 약을 먹으면 대변이 거무스름해지죠.

이렇듯 대변에는 우리 몸의 질병부터 복용한 약에 이르기까지 온갖 정보가 담겨 있습니다. 누군가가 버린 쓰레기봉투를 확인하면 그 사람의 취미나 기호, 나이와 성별까지 얼추 파악할 수 있다는 이야기가 있습니다. 우리의 배설물 또한 우리 몸속 사정을 웅변하듯 생생하게 이야기해 줍니다.

정말로 무서운
이자 외상

이자의 특수한 성질

2015년, 일본에서 일곱 살 남자아이가 등굣길에 넘어지는 바람에 목에 걸고 있던 물통이 배와 땅 사이에 끼며 복부를 강타하는 사고가 있었습니다. 물통이 배를 찌르듯 강하게 쳐 버린 것이죠.

온몸을 축·늘어뜨린 채 구토하던 아이는 병원으로 옮겨졌습니다. 검사 결과, 이자가 파열되어 있었어요. 2주 사이에 세 번이나 개복 수술을 받고 이자 절반을 적출한 끝에 겨우 목숨을 건질 수 있었습니다.

이 사례에서 볼 수 있듯 이자 외상은 정말 목숨을 위협하는 '대형 사고'입니다. 그 이유는 이자의 특별한 성질에 있습니다.

이자는 위 뒤편에 있는 길이 15센티미터 정도의 노랗고 말랑말랑한 장기입니다. 교통사고나 넘어짐, 폭행 등으로 복부가 심한 충격을 받으면 상처가 나거나 파열될 수 있어요.

앞서 살펴봤듯 이자는 만능 소화액인 이자액을 만드는 장기입니다. 그런데 만약 이자가 손상되어 이 소화액이 배안(복강)에 퍼져 버리면 심각한 문제가 생깁니다. 우리 몸이 (어떤 의미에서) 소화되어 버리기 때문입니다. 인체를 이루는 성분이 우리가 즐겨 먹는 동물성 식품과 큰 차이가 없으니 당연한 일입니다.

몸 안에 퍼진 이자액은 배안에 있는 혈관과 장기를 손상시키고, 심각한 염증을 일으킵니다. 상황에 따라서는 즉시 목숨이 위태로워질 수 있어요.

더욱이 이자액은 하루에 약 1.5리터나 생산됩니다. 큰 페트병 하나 분량이죠. 이자가 파열되었다고 해서 이자액 만드는 일이 중단되지도 않습니다. 수술로 복구하지 않는 한 이자액은 계속 새어 나와 배안을 채웁니다.

게다가 파열된 이자를 다시 봉합하는 일도 무척 어렵습니다. 이자관의 지름은 불과 몇 밀리미터 수준으로 매우 가늘고, 이자는 두부처럼 무릅니다. 경우에 따라 도저히 봉합이 어렵다고 판단되면 이자의 일부나 전체를 들어내기도 합니다.

사고가 났던 남자아이는 첫 수술에서는 이자를 보존했으나, 두 번째 수술에서 약 절반을 잘라 냈습니다. 이자를 제거하면 몸에 인슐린이 부족해져서 당뇨병이 발병할 위험이 있다는 보고가 있습니다. 그럼에도 절제해야 할 때가 있어요.

관상 기관과 실질 기관

총이나 칼 같은 흉기로 생기는 외상을 '관통성 외상'이라고 하고, 교통사고나 추락 등으로 생기는 외상을 '둔적 외상'이라고 합니다. 여기서 '둔'은 '둔하다', '무디다'라는 뜻으로, 둔적 외상은 상처가 피부를 관통하지 않습니다. 그러나 정확하게 몸을 뚫어 장기가 손상되는 관통성 외상에 비해 넓은 부위에 손상이 일어나서 위독해지기가 쉽습니다. 앞서 소개한 물통 타격 사고도 둔적 외상의 전형적인 사례이죠.

일본에서는 둔적 외상이 전체 외상의 88퍼센트를 차지하고, 관통성 외상은 약 3퍼센트로 적습니다. 총기 사용을 규제하는 나라에서는 총상이 극히 드물기에 일본의 경우도 관통성 외상의 대다수는 자상(칼 같은 날붙이에 찔린 상처)입니다.

또한 외상에서는 일반적으로 관상 기관보다 실질 기관이 손상되기 쉽습니다. 관상 기관이란 '관' 모양의 장기나 안이 비어 있는 장기를 말합니다. 위와 소장, 대장, 자궁, 방광 같은 곳이죠. 반면, 실질 기관이란 안이 꽉 찬 장기입니다. 간이나 콩팥(신장), 지라, 이자 같은 곳입니다.

관상 기관은 움푹 들어가거나 부풀어 오르는 등 유연하게 크기를 바꿀 수 있습니다. 자궁 안에서 아기가 자랄 때 자궁도 점점 커지는 모습을 떠올려 보세요. 그러나 실질 기관은 그렇게 간단히 형태를 바꾸지 못합니다.

둔적 외상에서 관상 기관이 손상되는 경우는 겨우 1.2퍼센트 정도이고, 열에 아홉은 실질 기관이 손상됩니다. 복부 외상을 입었을 때 가장 많이 손상되는 장기는 간입니다. 그다음으로 지라, 콩팥 같은 실질 기관이 뒤를 잇습니다. 이자는 손상 비율이 낮은 편인데, 배 깊숙한 곳에 자리하기 때문입니다. 덕분에 단독 손상은 아주 드물고, 90퍼센트 이상이 다른 장기가 손상될 때 함께 손상됩니다.

특히 간은 성인 남성이 1.5킬로그램, 여성은 1.3킬로그램으로 복부 장기 가운데 가장 큽니다. 그만큼 외부 충격으로 손상되기도 쉽죠.

우리 몸에는 손상되기 쉬운 곳과 비교적 손상에 강한 곳이 있습니다. 몸의 구조를 알면 인체의 약점도 이론적으로 이해할 수 있게 됩니다.

대단한 인체

장 길이와 인체의 유희

인체의 '유희'

혹시 '하부 위장관 내시경 검사'를 들어 본 적이 있나요? 일반적으로 '대장 내시경'이라고 하는 검사입니다. 항문으로 가늘고 긴 관 형태의 카메라를 넣어 대장 안을 한 바퀴 관찰하죠. 대장 내시경은 위내시경(상부 위장관 내시경 검사)보다 검사받기 고생스럽습니다.

준비는 검사 일주일 전부터 시작됩니다. 소화가 잘 되지 않는 잡곡이나 씨 있는 과일을 피하라고 하죠. 3일 전부터는 섬유질이 풍부한 채소나 해조류 같은 것은 피하고, 가급적 소화가 잘 되는 음식을 먹는 게 좋습니다. 장을 깨끗하게 하기 위해서죠. 바로 전날에는 아주 가볍게 식사를 하고, 관장약을 먹습니다. 그러면 밤새 화장실을 들락날락하며 배 속을 깨끗하게 비워 내죠. 검사 당일 아침에는 추가 관장약을 먹어서 대장을 완전히 비워 냅니다. 이렇게까지 하는 이유는 대장에 변이 남아 있으면 대장 벽을 제대로 살필 수 없어 검사의 정확성이 떨어지기 때문이에요.

병원에 검진을 받으러 가면 다른 환자들과 나란히 앉아 대기를 합니다. 물처럼 묽고 색이 연한 변이 나오는 사람만 합격 통보를 받고 검사실에 들어갈 수 있습니다.

사람마다 약에 대한 반응도 제각각이고, 대변이 모두 배출되는 데 걸리는 시간도 다릅니다. 평소에 변비가 있는 경우는 잔변을 비우는 데 시간이 오래 걸리기도 하죠. 약을 먹자마자 바로 신호가 오는 사람도 있지만, 배만 부글부글 아프고 좀처럼 소식이 없어 고생하는 사람도 있습니다. 환자로서는 꽤 번거로운 검사라고 할 수 있죠.

검사에 돌입하면 걸리는 시간도 개인마다 다릅니다. 대장의 길이와 굴곡 정도, 경로가 사람에 따라 천차만별이거든요. 내시경이 구렁이 담 넘듯 부드럽게 통과하는 사람도 있고, 아닌 사람도 있습니다. 눈이나 코의 모양과 크기, 팔다리 길이, 키 같은 신체적 특징이 모두 다르다는 걸 생각해 보면 당연한 일입니다.

겉으로 드러나는 신체적 특징과 내장의 특징은 '그 차이를 자각할 수 있느냐'에 차이가 있습니다. 우리는 평소에 자기 대장이 남보다 긴지 짧은지 의식하지 않고 살아가니까요. 이 책을 읽는 여러분의 대장이 저보다 20센티미터는 더 길 수도 있지만, 특별한 이유가 없는 한 본인 대장 길이를 알고 있진 않을 거예요. 평균보다 긴 대장을 갖고 있더라도 일상에서 전혀 문제되지 않을 테니까요.

이처럼 우리 몸은 생존에 영향을 주지 않는 범위 안에서 조물주의 '유희'가 발휘되어 있습니다. 위와 간의 크기, 소장과 대장의 모양새, 혈관 굵기는 우리 모두 다릅니다. 겉모습과 마찬가지로 장기 또한 '건강하게 살아간다'는 목적을 해치지 않는 선에서 저마다의 개성이 나타납니다.

개성으로 남느냐, 질병이 되느냐

한편, 그 개성이 유희의 범주를 넘어서 인체에 해가 되면 '질병'이라 부릅니다. 대장은 약간 길어도 사는 데 지장이 없지만, 너무 길면 만성적인 변비에 시달리거나 장이 꼬이는 '창자꼬임(장염전)'이 생기기도 합니다. 또, 대장의 S상 결장이라는 곳이 너무 길어서 문제를 일으키는 병도 있습니다. 이 경우 대장을 짧게 잘라서 제거하고, 상류와 하류를 잇는 수술이 필요합니다.

　참고로 대장은 구간마다 이름이 있습니다. 맹장, 상행 결장, 횡행 결장, 하행 결장, S상 결장, 직장으로 주소처럼 구역마다 이름을 붙여 두었죠. 소장에서 흘러나온 액체는 위의 순서대로 대장 안을 지나며 대변이 됩니다.

대장의 구조

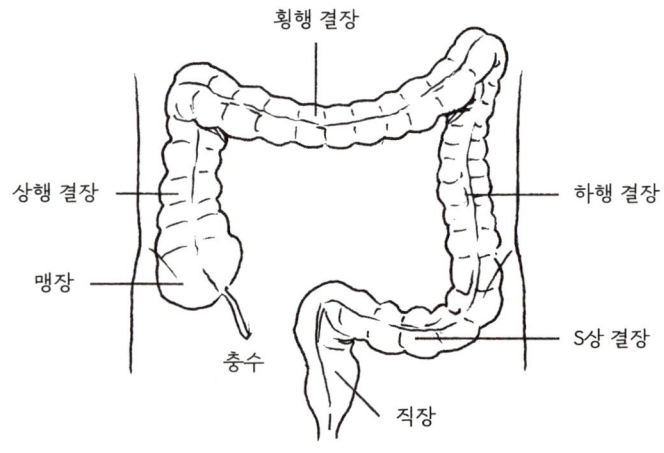

횡행 결장

상행 결장

하행 결장

맹장

S상 결장

충수

직장

그중 S상 결장은 말 그대로 알파벳 S자 모양으로 생겼습니다. 하지만 S자가 구부러진 정도는 사람마다 달라요. 드물지만 I자에 가까운 형태로 굴곡이 적은 사람도 있고, 오메가(Ω)처럼 원에 가까울 정도로 굴곡이 심한 사람도 있습니다.

대장은 더 다양한 유희를 선보입니다. '충수염'이라는 병을 들어 본 적이 있나요? 예전에는 '맹장염'이라고 잘못 불렀지만, 실제로는 맹장이 아니라 그 끝에 붙어 있는 가느다란 관 모양의 '충수'에 염증이 생기는 병입니다. 충수의 위치상 보통 오른쪽 아랫배가 아픈 증상이 나타납니다.

하지만 '오른쪽 아래'라고 해도 사람마다 아픈 위치가 조금씩 다릅니다. 충수의 크기나 생김새가 저마다 달라서죠. 어떤 사람은 충수가 길고 가느다란가 하면, 어떤 사람은 짧고 굵습니다. 방향도 위로 향한 사람이 있는가 하면, 아래로 늘어진 사람도 있고요. 한 어미 자식도 아롱이다롱이라는 말처럼 같은 충수라도 사람마다 이토록 다릅니다.

장기에도 개성이 있다

맹장의 위치도 약간씩 다릅니다. 소장에서 내려오는 부위 아래쪽 대장을 '맹장'이라고 부르는데, 이 부위가 태어날 때부터 주위에 고정되어 있지 않고 이리저리 움직이는 사람도 있어요. 이 경우를 '이동 맹장'이라고 합니다.

맹장의 위치가 달라지면, 자연스럽게 맹장에 붙은 충수의 위치도 달라집니다. 그래서 충수에 염증이 생겼을 때 아프다고 느끼는 부위가 사람마다 다를 수밖에 없습니다.

이 글을 읽는 여러분의 맹장도 어쩌면 고정되어 있지 않을 수 있습니다. 어떤 충수는 여러분의 것보다 다섯 배나 길쭉할 수 있고요. 하지만 병에 걸려 병원에 가서 검사하지 않는 이상, 그걸 알아차리기란 거의 불가능합니다. 이런 식의 개성은 생활에는 전혀 영향을 주지 않기 때문입니다.

참고로 저는 "검사하기 참 편한 대장이에요."라는 말을 자주 듣습니다. 대장 내시경을 한 의사에 따르면 제 대장은 너무 길지도 않고, 곡선도 완만해서 내시경이 지나가기 쉽다고 하더군요.

대장 내시경을 할 때 느끼는 통증이 사람마다 다른 이유도 여기 있습니다. 대장의 길이, 굴곡, 구조 같은 개인차 때문에 검사 중 불편함이 생기기도 합니다. 물론 의사의 실력도 영향을 미치지만, 실제로 검사를 얼마나 편하게 끝낼 수 있는지는 환자의 장기 구조에 크게 달려 있어요.

대단한 인체

충수와 맹장

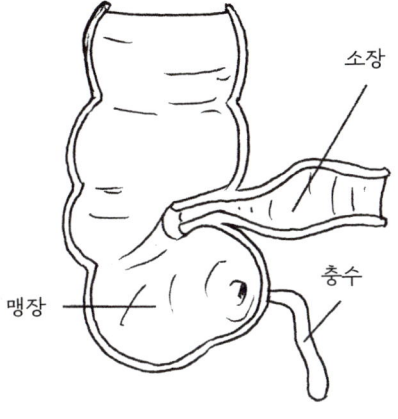

소장

충수

맹장

충수의 방향과
길기, 굵기는
각양각색이다.

　　다행히 위내시경 검사는 대장 내시경과 달리 특별히 장을
비우는 약을 먹을 필요가 없습니다. 건강한 사람은 보통 하룻
밤만 자도 위가 텅 비거든요.

방귀는 무엇으로
이루어져 있을까?

방귀와 트림의 공통점

방귀는 왜 냄새가 날까요? 그건 대장 안에 있는 세균이 음식물을 분해하면서 냄새나는 기체를 만들어 내기 때문입니다. 대표적인 예가 메틸 메르캅탄과 황화 수소입니다. 황화 수소는 흔히 '달걀 썩는 냄새'가 난다고 알려져 있고, 온천에서 맡을 수 있는 자극적인 냄새도 이 물질이 원인입니다. 세균이 살아가기 위해 만들어 내는 부산물이죠.

이런 사실을 알게 되면 '방귀는 대장에서 생긴 가스구나' 하고 오해하기 쉽지만, 방귀의 대부분은 우리가 음식을 먹을 때 입으로 삼킨 공기입니다. 식사할 때 자연스럽게 삼킨 공기는 음식과 함께 위로 들어간 다음, 일부는 역류해 입으로 배출됩니다. 이게 트림이죠.

남은 공기는 음식물과 함께 소장으로 흘러갑니다. 꿈틀대는 장운동에 의해 계속 아래로 운반되고, 대장 안에 있던 냄새 고약한 가스와 함께 항문으로 배출되죠. 이것이 방귀입니다. 음식을 급하게 삼키거나 말을 많이 하면서 먹으면, 공기를 더 많이 삼키게 되어 방귀가 자주 나올 수 있습니다.

하지만 아무리 조심해도 공기를 전혀 삼키지 않고 식사하는 것은 불가능합니다. CT(컴퓨터 단층 촬영)로 장을 촬영하면, 반드시 공기가 어느 정도 보여요. 아무리 건강한 사람이라도 장에 공기가 하나도 없는 경우는 없습니다. 아무리 천천히 신중하게 먹어도 공기는 삼키기 마련인 거예요.

배고프면 잊지 않고 들리는 꼬르륵 소리. 그런데 사실, 우리 배는 빈속이 아닐 때도 언제나 소리를 내고 있습니다. 그 증거로 배에 청진기를 갖다 대면 언제든 꾸르륵거리는 소리를 들을 수 있습니다. 우리가 '배가 꼬르륵거리네' 하고 인식할 때는 청진기 없이도 들릴 만큼 큰 소리가 난 것 뿐이지요.

이 소리는 주로 장(소장과 대장)이 운동하며 내용물을 옮길 때 납니다. 장은 늘 꿈틀대며 운동을 하는데, 여기에 두 가지 유형이 있어요. 첫째는 빈속일 때의 수축, 둘째는 식사 후 수축입니다. 빈속에는 위와 십이지장에서 시작된 수축이 소장 끝부분까지 이어지며 남아 있는 소화액을 하류로 보내고, 다음 식사를 준비합니다. 그래서 배가 고플 때 유난히 꼬르륵 소리가 크게 들리죠.

물론 배가 고프지 않아도 배에서 소리가 날 수 있어요. 항상 장이 운동하고 있으니 특별한 일은 아닙니다. 장운동이 활발하다는 건 장이 건강하다는 증거예요.

환자의 복부를 수술할 때는 배를 갈라 직접 장을 보게 됩니다. 이때 장이 연동 운동(꿈틀 운동)을 하며 내는 소리가 놀랄 만큼 크게 들려요. 평소에는 배벽(복벽)을 사이에 두고 듣던 소리를 차단막 없이 들으면 수술실에 있는 의료진 모두가 들을 정도로 크게 울리기도 합니다.

반면, 장운동에 문제가 생기면 이런 소리가 잘 들리지 않습니다. 청진기를 배에 대도 소리가 거의 들리지 않을 때는 장 질환을 의심해 볼 필요가 있어요. 저 같은 소화기 전문 의사는 가슴보다 배에 청진기를 댈 기회가 많습니다.

왜 뭘 먹으면 화장실에 가고 싶을까?

식사를 마치고 얼마 지나지 않아 화장실에 가고 싶은 느낌이 들 때가 있습니다. 그런 이유로 아침을 먹고 볼일을 본 뒤집을 나서는 사람들이 많을 거예요. 화장실에 들르지 않고 외출했다가 갑자기 길에서 급한 신호가 와서 곤란했던 경험도 있을 테죠.

점심을 먹은 뒤에도 마찬가지입니다. 저는 의료 정보 웹사이트를 운영하는데, 주로 평일 12시부터 1시 사이에 접속자 수가 급증합니다. 이 시간대에 화장실에 가는 사람이 많다 보니 '혈변', '설사' 같은 키워드로 검색해 들어오는 경우가 많아서예요.

이렇게 식사 후 화장실에 가는 게 당연해 보이기도 하지만, 곰곰이 생각해 보면 좀 희한합니다. 음식을 먹자마자 바로 대변으로 나오는 건 아니니까요. 음식은 위에 머물렀다가 천천히 장을 지나 하루이틀 지나서야 비로소 항문으로 배출됩니다. 샤프를 꾹꾹 누르면 샤프심이 바로바로 나오는 것처럼, 장속에 꽉 차 있던 대변이 밀려 나오는 식이 아니라는 거죠.

식사 후 배변 욕구를 느껴 화장실에 갈 때는 먹은 게 아직 위에 머물러 있습니다. 그런데 왜 무언가를 먹고 나면 화장실에 가고 싶어지는 걸까요? 그건 '위 결장 반사'라는 현상 때문입니다.

위 결장 반사란, 빈속에 음식이 들어가면 대장의 연동 운동을 촉진하는 작용입니다. 무언가를 먹으면 반사적으로 대장에 머물던 변이 아래쪽으로 밀려 내려오게 됩니다. 이로 인해 화장실에 가고 싶은 느낌이 드는 거죠.

물론 이 반응에도 개인차는 있습니다. 평소 변비로 고생하는 사람은 먹기만 해도 바로 화장실에 간다니, 하고 부러워할 수 있어요. 위 결장 반사에 대한 몸에 반응은 사람마다 제각기 다릅니다.

항문의 슈퍼파워

실탄과 공포탄

"실탄과 공포탄을 구별 못 하겠어."

항문 수술을 받은 제 지인이 한번은 이런 말로 고민을 털어놓았습니다. 항문 기능이 떨어져 방귀와 대변을 구별하기 어려워졌다며 난감하다는 하소연이었죠. 표현은 재치 있지만, 결코 웃어넘길 일은 못 됩니다.

항문은 정밀한 기계처럼 치밀하게 작동하는 기관입니다. 앞에 놓인 게 고체인지, 액체인지, 기체인지를 순식간에 파악해서 기체일 때만 내보내는 고도의 선별 작업을 하거든요. 장에서 고체와 기체가 동시에 내려올 때는 기체만 배출하고, 고체는 직장 안에 남겨 두는 타협도 할 줄 압니다. 이러한 시스템을 인공적으로 만들어 내기는 거의 불가능해요.

만약 이 기능이 떨어져서 방귀와 대변을 구분하지 못하면, 일상이 많이 불편해집니다. 신호가 올 때마다 화장실 변기에 앉아 확인해야 하니까요. 시간에 쫓기는 일을 하면 성인용 기저귀를 사용해야 할 정도로 곤란할 수 있습니다.

이런 말을 하면 반드시 몇몇 사람이 이렇게 대꾸하고는 합니다. "제 항문은 가끔 기체와 액체를 헷갈리던데요?" 확실히 항문이 건강해도, 아주 묽은 변은 기체와 구분하기 어려울 수 있습니다. 그러나 그 실수가 잦지는 않고, 기껏해야 배탈이 나서 설사할 때 일어날 거예요. 가끔 있는 실수이니 귀여운 수준이죠.

항문의 훌륭한 기능은 더 있습니다. 이를 테면 직장에 쌓인 대변을 '무의식적'으로 막아 두었다가, 원하는 때 배출하는 기능입니다. 만약 조금이라도 변이 내려올 때마다 항문에 힘을 주고 새어 나오지 않도록 안간힘을 써야 한다면 어떨까요? 도저히 일상생활이 불가능할 테고, 마음 놓고 단꿈에 빠질 수도 없을 겁니다.

항문에는 두 개의 괄약근(조임근)이 존재합니다. 하나는 외괄약근, 다른 하나는 내괄약근입니다. 외괄약근은 우리가 의식적으로 움직일 수 있는 근육, 수의근입니다. 반면 내괄약근은 불수의근으로, 우리 의도와 무관하게 움직이는 근육이죠.

예를 들어 항문을 꽉 조이라고 하면 실제로 힘을 줘서 조일 수 있습니다. 이때 움직이는 근육이 바로 외괄약근입니다.(치골 직장근도 함께 움직입니다.)

물론 직장이 어느 정도 차면, 배변 반사로 내괄약근이 느슨해집니다. 그때 외괄약근을 이완시키면 배변이 이루어지죠. 젖먹이 아기는 이 괄약근들을 조절하는 데 미숙해서 반사적으로 대소변을 봅니다. 반면, 성인은 대뇌 피질이 내리는 명령대로 외괄약근을 수축시켜 배변하려는 무의식 반사에 의식적으로 저항할 수 있어요.

이처럼 고도로 발달한 정교한 근육과 감각 센서 덕분에 우리는 평화로운 일상을 누리고 있습니다. 평소에는 잘 느끼지 못하지만, 알고 보면 항문은 대체 불가능하고 정말 고마운 기관입니다.

인공 항문은 어떻게 만들까?

이토록 정교한 항문이 손상되면 어떻게 될까요? 항문과 직장이 심하게 손상되면 나을 때까지 쓸 수 없습니다. 그러면 인공 항문을 만들어 대변이 지날 길을 마련해 줘야 하죠. 심한 외상을 입은 경우, 무사히 치료를 마쳐도 수술로 항문 기능이 완전하게 회복되지 않고 후유증이 생기기도 합니다.

직장과 항문 외상 말고도 다양한 질환으로 인공 항문 시술이 필요해지기도 합니다. 인공 항문을 갖고 생활하는 사람이 일본에만 20만 명이 넘는다고 알려져 있어요. 옷에 가려져 있기 때문에 겉으로 드러나지 않아 이해도가 높은 편은 아닙니다. 인공 심장 박동기나 인공 관절과 비슷한 기구라고 오해하는 경우도 많아요.

인공 항문이란 배벽에 구멍을 뚫고 대장 일부를 밖으로 끄집어내서 대장의 안과 몸 바깥이 직접 이어지도록 만든 것입니다. 엉덩이에 있는 항문과 별개로 출구를 뚫는 작업으로, 기구를 이식하지는 않아요. 대장 일부가 피부 밖으로 보이는 상태인 것이죠. 이 부위에 주머니를 달고, 그 안에 대변이 고이도록 합니다. 화장실에 가고 싶다는 생각이 들지 않아서 대변은 주머니 안에 저절로 쌓입니다. 이를 정기적으로 화장실에 가서 비우고 갈아야 하죠.

　인공 방광은 장을 활용해 방광을 대체하는 방식을 씁니다. 마찬가지로 배벽에 구멍을 뚫은 뒤 장 일부를 밖으로 꺼내서 소변을 배출할 수 있게 만듭니다. 생김새와 원리가 인공 항문과 비슷해 일반적으로 둘을 합쳐 '장루(stoma)'라고 부릅니다.

　장루 주머니는 냄새가 새지 않도록 방취 처리되어 있고, 내용물이 새는 경우도 거의 없습니다. 방수 테이프 등을 사용하면 주머니를 단 채로 목욕도 가능하죠. 하지만 현실에서는 안타깝게도 인공 항문이 타인에게 불편을 줄 수 있다는 이유로 온천 같은 공공시설 입욕을 거부당하는 사례도 있습니다.

　하지만 생각해 보세요. 변을 깨끗하게 주머니에 밀봉해 두는 인공 항문이 더럽다면, 사람 몸에 그냥 달린 항문은 과연 얼마나 깨끗할까요? 엉덩이에 드러난 항문을 직접 탕에 담그는 게 훨씬 비위생적일 수도 있어요.

　참고로 엉덩이에 달린 항문을 남겨 둔 채 복부에 인공 항문을 일시적으로 달기도 하는데, 이 시술을 받으면 잠깐이나마 '항문'이 두 개가 됩니다. 이러한 사례도 있기 때문에 각각을 구분해서 부를 필요가 있어요.

암이 전이되는 장기는
따로 있다

간은 인체의 '물류 창고'

암 전이에 관해 흥미로운 이야기가 있습니다. 암이 다른 장기에 전이하는, 즉 퍼지는 현상을 '원격 전이'라고 합니다. 그런데 소화기에 생긴 암은 간으로 전이되는 사례가 압도적으로 많습니다. 예를 들어 원격 전이가 생긴 4기 대장암의 경우, 약 절반 정도가 간으로 전이됩니다. 위암과 식도암, 이자암도 간으로 전이되는 사례가 아주 많죠.

어째서 암이 특정한 장기에 몰려서 전이되는 걸까요? 온몸에 이렇게나 많은 장기가 있는데, 고르게 퍼지지 않고 유독 편중되는 장기가 있다니 희한하잖아요.

여기에는 매우 단순한 이유가 있습니다. 소화기를 흐르는 혈액이 향하는 주요 목적지가 간이기 때문입니다. 암은 암세포가 가까운 혈관에 들어가 다른 장기로 흘러들면서 퍼집니다. 혈류의 흐름이 곧 전이 방향을 결정하는 셈입니다. 그렇기에 소화기에 생긴 암은 필연적으로 간에 도착하게 됩니다.

소화기에 모인 혈액은 간으로 향하는 굵은 혈관(간문맥)을 거쳐 간 내부로 들어갑니다. 이때 암세포도 혈류에 실려 간으로 들어가 간 안에 자리를 잡고, 성장해서 새로운 종양을 형성합니다.

소화기로 흐르는 혈액을 간이 모두 받는 구조는 영양 흡수 관점에서는 매우 효율적입니다. 음식물은 우리 몸에서 여러 효소로 분해되고, 그렇게 얻은 영양소는 소화기의 점막을 통해 혈관으로 흡수됩니다. 이 영양소는 혈류를 타고 간으로 흘러가, 우리 몸이 사용하는 형태로 바뀌거나 필요한 때를 대비해 저장됩니다. 이런 면에서 간은 인체의 '물류 창고'라 불릴 만한 장기입니다.

간은 '화학 공장'이기도 합니다. 가령, 포도당은 간에서 글리코젠이라는 형태로 바뀌어 저장되었다가 필요한 때에 다시 포도당으로 전환되어 에너지원으로 사용됩니다. 또 알부민과 피브리노젠(섬유소원) 같은 인체에 꼭 필요한 단백질도 간에서 만들어지죠. 이 물질들은 우리가 섭취한 음식물을 분해하여 얻은 각종 아미노산을 원료로 씁니다. 각종 비타민도 간에 저장되었다가 필요한 시점에 형태를 바꾸어 씁니다.

이렇게 화학 공장의 역할을 하는 간의 기능을 고려하면, 영양소가 간으로 먼저 운반되는 '물류 시스템'은 아주 효율적인 체계라 할 수 있겠죠.

참고로 간에 간경변증이라는 병이 생기면, 야식을 챙겨 먹어야 합니다. 간 기능이 떨어지면서 에너지를 저장하는 능력이 낮아지기 때문이에요. 보통은 저녁을 먹고 다음 날 아침까지 아무것도 안 먹어도 별문제가 없지요. 그건 음식물을 섭취하지 않는 동안 간에 저장된 글리코젠이 포도당으로 바뀌어 에너지원으로 쓰이기 때문입니다.

그런데 간 기능이 저하되면 글리코젠 저장량이 줄어들어 에너지가 부족하기 쉽습니다. 하룻밤 자고 일어났는데, 오래 굶은 것 같은 상태가 되어 몸에 큰 부담을 줄 수 있죠. 간경변증 환자의 하룻밤 단식은 건강한 사람이 이틀이나 사흘 단식한 상태와 맞먹습니다.

간의 해독 작용

음식물이 분해되는 동안 생기는 노폐물 중에는 우리 몸에 해로운 물질도 있습니다. 이를 해독하는 것도 간의 중요한 역할이에요.

그중 대표적인 노폐물이 바로 질소 대사물인 암모니아입니다. 암모니아는 단백질(아미노산)을 분해할 때 필연적으로 생기는데, 인간을 포함한 대부분의 동물에게 독성이 강합니다. 그래서 암모니아를 해롭지 않은 형태로 바꾸어 몸 밖으로 배출할 필요가 있죠.

우리 몸은 간에서 암모니아를 독성이 없는 '요소'로 전환해 소변으로 안전하게 배출합니다. 이 과정을 '요소 회로'라고 하는데, 여러 효소가 관여하는 복잡한 화학 반응입니다.

만약 간경변증을 비롯한 간 질환으로 인해 간 기능이 떨어지면 이 회로가 제대로 작동하지 못해, 암모니아가 몸속에 비정상적으로 쌓이게 됩니다. 특히 암모니아는 뇌에 아주 치명적이라서, 혈중 암모니아 농도가 높아지면 혼수상태에 빠질 수도 있어요. 이를 '간성 뇌 병증'이라 부릅니다.

또한 선천적으로 요소 회로에 이상이 있는 질환을 '요소 회로 이상증'이라고 부릅니다. 몸속에 암모니아가 쌓여 의식

장애, 경련, 발달 장애 같은 다양한 문제를 일으킬 위험이 있는 병이죠. 이러한 질환이 생기는 과정을 알고 나면 암모니아를 해독하는 간 기능이 얼마나 중요한지 여실히 이해할 수 있습니다.

이처럼 동물이 단백질을 에너지원으로 쓰려면 암모니아를 어떻게 처리하느냐가 관건입니다. 물속에서 생활하는 어류는 대부분 암모니아를 몸 밖으로 그냥 배출합니다. 암모니아가 물에 잘 녹아 주위에 있는 대량의 물로 희석되어서죠.

반면, 육지에 사는 동물은 암모니아를 몸속에서 독성이 적은 형태로 바꾸는 과정이 꼭 필요합니다. 그래서 포유동물은 암모니아를 요소로, 조류와 파충류 대다수는 암모니아를 요산으로 바꾸는 구조를 갖추고 있죠. 요산 역시 요소 화합물 중 하나로, 물에 잘 녹지 않습니다. 물에 녹여 배설하는 요소와 달리 요산은 물이 필요하지 않아서 고체(결정) 상태로 몸 밖으로 배출(배변)할 수 있어요. 수분이 부족한 환경에서 사는 동물은 요산을 선택하는 편이 생존에 유리하다는 걸 알 수 있죠. 또 하늘을 날기 위해 몸이 가벼워야 하는 조류도 요산 배출 구조가 무게를 줄일 수 있다는 이점이 있습니다.

왜 황달이 생길까?

간이 나쁜 사람은 황달이 생긴다는 이야기를 들어본 적 있을 거예요. 황달은 피부나 눈 흰자위가 누렇게 변하는 증상입니다. 혈액 속에 빌리루빈이 과하게 쌓여서 생기죠.

어떤 경우에 혈중 빌리루빈이 증가하는 걸까요? 지금까지 얻은 지식을 활용하면 이 질문에 충분히 답할 수 있습니다. 빌리루빈은 노화한 적혈구가 파괴되어 생기는 물질로, 쓸개즙에 들어 있는 성분입니다. 건강한 사람은 빌리루빈이 간에서 배출되어 쓸개관을 거쳐 십이지장으로 흘러간 뒤 마지막에 대변으로 배출된다고, 앞서 설명했지요.

그렇다면 간에 문제가 생기면 어떻게 될까요? 빌리루빈을 제대로 배출하지 못하니 간 안에 정체되어 혈액 속으로 퍼지게 됩니다. 결과적으로 황달 증상이 나타나고요.

물론 황달은 간에 병이 없어도 발생할 수 있습니다. 예를 들어 간이 정상이어도 쓸개관이 막혀 빌리루빈이 정체되면 황달이 생길 수 있죠. 또한, 혈액 질환 등으로 적혈구가 지나치게 많이 파괴되면 빌리루빈이 급증하여 간이 처리할 수 있는 양을 넘어서게 됩니다. 이 병을 '용혈 빈혈'이라 부르는데, 이때도 황달이 생길 수 있습니다.

이처럼 황달은 원인이 다양하지만, 원리는 단순합니다. 장기의 기능을 정확히 이해하면 병이 생기는 이유도 자연스럽게 밝혀지는 법입니다.

음경은 어떻게
늘어나고 줄어들까?

다비드상의 사실적인 조형

사람의 몸에서 음경만큼 부피가 크게 변할 수 있는 장기는 없습니다. 위와 대장, 자궁 같은 관상 기관은 내부에 들어가는 내용물의 양에 따라 모양이 바뀌기도 합니다. 장기를 이루는 벽이 유연해서 평상시보다 부풀 수 있거든요. 하지만 안이 꽉 찬 실질 기관은 그렇게 쉽게 크기를 바꿀 수 없습니다. 그런 점에서 음경은 매우 독특한 장기입니다.

정액 속 정자는 난자를 만나기 위해 움직입니다. 정자가 자궁 안에 효율적으로 도달하려면 삽입 시 음경이 크고 단단해져야 하죠. 반면 평소에는 작고 유연한 상태가 더 효율적입니다. 크기가 크면 걸을 때 불편하거나 활동에 방해가 될 수 있고, 조금 이따 설명할 외상 위험도 높아지기 때문입니다. 그렇다면 음경은 어떻게 이렇게 자유자재로 크기를 늘리고 줄일 수 있을까요?

성적인 자극을 받으면 뇌에서 신호가 나오고, 이 신호가 부교감 신경을 거쳐 음경에 전달되면 음경이 발기됩니다.(참고로 음경에 물리적인 자극이 가해져 뇌를 거치지 않고 발기가 이뤄지기도 합니다.) 음경 안에는 '음경 해면체'라는 조직이 있습니다. '해면'이란 말 그대로 스펀지처럼 구멍이 숭숭 뚫린 구조를 말합니다. 여기에 동맥을 통해 혈액이 흘러 들어가면 스펀지가 물을 흡수하듯 부풀어 오릅니다. 즉, 발기한 음경 내부는 혈액으로 가득 차 있습니다.

해면체는 '백막'이라는 질긴 막으로 둘러싸여 있습니다. 발기를 하면 이 막이 안쪽에서 가해지는 압력으로 단단해집니다. 그러면 해면체의 출구인 정맥이 눌려 혈액이 잘 빠지지 않게 됩니다. 혈액이 계속 해면체 안에 머물면서 발기 상태가 유지되는 것이죠.

부교감 신경은 우리가 편하게 쉴 때 작용하는 신경입니다.

반대로 긴장하거나 공포를 느낄 때 작용하는 건 교감 신경입니다. 다시 말해, 긴장되거나 불안한 상황에서는 발기가 잘 일어나지 않습니다.

참고로 미켈란젤로의 대표작 '다비드상'은 전신 비율에 비해 음경이 작다고 잘 알려져 있습니다. 2005년, 이탈리아 피렌체의 의료진이 이와 관련해 한 연구 논문을 발표했어요. 다비드상은 다윗이 골리앗과의 싸움을 앞두고 두려움을 느끼는 모습을 표현한 작품이고, 이에 따라 교감 신경이 활성화된 상태로 음경을 작게 묘사했다는 해석입니다.

르네상스 시대에는 그전까지 금지되었던 인체 해부가 가능해지면서 해부학이 급속도로 발전했습니다.(3장에서 자세히 다룹니다.) 의사와 해부학자뿐 아니라 이름을 날린 예술가들도 해부에 참여하면서 인체 구조를 정확히 이해하고자 했죠.

레오나르도 다빈치는 약 30구의 인체를 해부해 700장이 넘는 정교한 해부도를 남겼습니다. 미켈란젤로도 그중 한 사람으로, 직접 인체를 해부해 정확한 해부학 지식을 얻었습니다. 다비드상의 생생한 표현력도 이런 해부학 지식이 뒷받침되었다고 생각하면 충분히 납득이 갑니다.

장기가 단단해진다는 건 곧 유연성을 잃는다는 뜻이기도

합니다. 음경도 마찬가지라서 발기 상태에서는 강한 충격을 받으면 꺾일 수 있습니다. 이를 '음경 골절'이라고 부르는데, 원인은 다양합니다. 성행위 중 무리한 자세나 과격한 자위, 자다가 뒤척이는 동작… 아침에 자연 발기가 된 상태에서 아이가 갑자기 올라타 다치는 경우도 있죠.

'골절'이라고 하지만 음경에는 뼈가 없습니다. 대신 '부러지는' 부위는 백막입니다. 백막이 상할 때는 빠직하는 소리가 나고, 내부에 출혈이 생기며 음경이 붓습니다. 제때 치료하지 않으면 발기 시에 음경이 휘거나 비뚤어질 수 있어요. 서둘러 백막을 꿰매 복구해야 합니다. 수술을 잘 받으면 발기 장애 같은 후유증은 크지 않다고 하니 다행입니다.

성별에 따라 다른 요도 길이

음경 한가운데에는 요도가 자리 잡고 있어, 남성에게 음경은 요로의 일부이기도 합니다. 다시 말해, 정액을 운반하는 관과 소변을 운반하는 관을 하나로 쓰고 있죠. 반면 여성의 요도는 질과 구분해서 쓰는 독립된 형태로 존재합니다.

이런 구조적 차이로 남성의 요도는 여성보다 훨씬 깁니다. 여성의 요도는 약 4센티미터밖에 되지 않지만, 남성은 그보다

4~5배 길거든요. 이 때문에 방광염이나 신우신염 같은 요로 감염증은 여성이 더 많이 겪습니다.

요로 감염증은 외부의 세균이 요도로 역류하면서 생기는 감염성 질환입니다. 방광에서 감염이 생기면 방광염, 더 거슬러 올라가 콩팥, 즉 신장까지 퍼지면 신우신염이라고 부릅니다. 여성은 요도가 짧아 세균이 상류까지 도달하기 쉬우며, 요도 입구와 항문 사이의 거리가 가까운 점도 감염 위험을 높이는 요인 중 하나입니다.

반대로 남성에게 요로 감염증이 생겼다면, 단순한 문제로 보기보다는 '어떤 숨은 원인이 있다'고 생각해 보아야 합니다. 예를 들면 전립샘 비대증, 요로 결석, 방광 또는 요도의 악성 종양 같은 구조적 문제가 있을 수 있어요. 건강한 남성은 특별한 이유가 없다면 요로 감염증이 잘 생기지 않기 때문입니다.

배뇨와 관련된 신경에 이상이 생겨 소변이 시원하게 배출되지 않고 방광에 고이는 걸 '신경인성 방광'이라고 부릅니다. 이 또한 요로 감염증의 원인 중 하나입니다. 예를 들어 당뇨병이 심해지면 신경에 손상이 생겨 신경인성 방광으로 이어질 수 있어요. 남성이 요로 감염증에 걸린 경우, 이러한 신경 장애가 주요한 원인일 수도 있어요.

여성과 남성의 몸은 생식기 구조에서 큰 차이를 보입니다. 그리고 이 차이는 어떤 질병에 걸릴 위험도에 영향을 주기도 합니다.

눈 감고도 느껴지는
심부 감각

내 몸을 느끼는 감각

잠시 책을 내려놓고 한 가지 실험을 해 볼까요? 먼저 오른손으로 주먹을 쥐고 엄지손가락을 세운 뒤, 눈을 감은 채 왼손으로 오른손 엄지손가락을 잡아 보세요. 아마 대부분 애먹지 않고 엄지를 찾아냈을 거예요. 오른손을 아무리 멀리 떨어뜨려 두어도, 왼손은 최단 거리로 정확하게 오른손 엄지를 찾아낼 수 있습니다.

이처럼 우리는 눈을 감은 상태에서도 몸의 각 부위를 상당히 정확하게 파악할 수 있습니다. 코든 팔꿈치든 발가락이든,

눈으로 보지 않아도 알아챌 수 있죠. 반면, 눈을 감고 다른 사람의 코를 만지라고 하면 허공에서 헛손질만 하게 될 거예요. 위치를 정확히 파악 가능한 건 바로 '자신의 몸'뿐입니다.

뭐 그리 당연한 소리를 하나 싶을 수 있어요. 그런데 눈으로 보지 않고도 몸 곳곳의 위치를 알 수 있는 것은 사실, 매우 정교한 인체 시스템이 작동하고 있어서입니다. 즉, 우리 몸이 끊임없이 '위치 정보'를 보내고 있고, 뇌가 그 정보를 정확히 받아들이고 있다는 뜻이죠. 시야를 가려도 무언가의 존재를 느낄 수 있는 건, '무언가'가 '여기에 있다'는 정보를 (시각 이외의) 어떤 방식으로 보내고 있다는 말로 해석할 수 있습니다.

이러한 감각이 바로 '심부 감각', 또는 '고유 감각'이라고 불리는 것입니다. 온도 감각이나 통각(통증 감각), 촉각이나 압각 같은 감각에 비하면 평소에는 거의 의식하지 못하고 지내는 감각이죠.

온도 감각과 통각, 촉각과 압각은 주로 피부 표면에 수용기가 분포해 있습니다. 반면 심부 감각 수용기는 뼈 표면, 관절, 힘줄 같은 곳에 분포하여 관절이 얼마나 굽혀졌는지, 근육이 얼마나 수축 또는 이완되었는지 등을 감지합니다. 이 정보들은 척수를 통해 뇌로 전달되고, 우리는 이를 바탕으로 자기 몸의 위치나 자세를 인식하죠.

설령 눈을 감고 있더라도 여러분은 몸의 각 관절이 어떤 각도로 굽혀 있는지 정확히 인식할 수 있어요. 목, 어깨, 팔꿈치, 무릎, 손목 등 모든 부위의 상태를 눈으로 직접 보지 않고도 머릿속에 생생하게 떠올릴 수 있고요.

눈을 감고 누군가와 가위바위보를 하면 상대방이 낸 손 모양은 절대 알 수 없지만, 내가 무엇을 냈는지는 정확히 알 수 있습니다. 우리가 아무 생각 없이 터벅터벅 걷고, 컵에 담긴 물을 마시고, 옷을 갈아입을 수 있는 것은 모두 심부 감각이 갖추어 있기 때문이에요. 온몸의 관절과 근육에서 실시간으로 들어오는 정보를 바탕으로 우리는 매순간 자세를 조절하면서 움직입니다.

여러분에게 가장 편안한 자세는 무엇인가요? 아마 열에 아홉은 "이불 위에 누워서 뒹구는 자세요."라고 답할 겁니다. 그렇다면 이불 위에서 뒹굴 때 구체적으로 어떤 자세가 편한가요? 어깨, 무릎, 고관절의 각도는요? 이렇게까지 캐물으면 대부분 당황할 거예요. 그렇게 깊이 생각해 본 적은 없는데, 싶을 테죠. 다시 말해 여러분은 무의식적으로 가장 편한 자세를 찾아 눕는다는 소리입니다.

그렇다면 중증 질환이 있거나 거동이 불편한 사람은 어떨까요? 스스로 편안한 자세를 취할 수 없는 사람이라면 말이에요. 병원과 요양 시설에서 일하는 간호사나 요양 보호사 같은 돌봄 종사자는 '인간이 어떤 자세일 때 편안함을 느끼는지' 알고 있어야 합니다. 거동이 불편한 사람 대신 그 사람이 어떤 자세를 취할지 정해 줘야 하기 때문입니다.

사실, 근육이나 관절에 부담을 주지 않으면서 가장 편안한 자세는 의학적으로 이미 정해져 있습니다. 군대에서의 '차렷' 자세 같은 기본자세가 아니라, 개개인에게 부담이 가장 적은 자세죠.

어떤 관절이든 지나치게 펴지거나 과하게 굽히면 부담이 커집니다. 그 중간 정도 각도가 가장 안정되고 편안하죠. 이런 원리를 바탕으로 베개를 활용해 환자의 팔이나 다리를 받쳐 주거나, 수건을 끼워서 관절이 편하게 유지되도록 돕는 돌봄이 필요합니다. 참고로 뼈가 부러져 깁스를 할 때도 가능한 한 편안한 자세로 관절을 고정시켜야 합니다. 가장 몸에 부담이 적고, 일상생활에 지장을 덜 주도록요.

하지만 아무리 편안한 자세라도 투병 중인 사람을 항상 같은 자세로 둬야 한다는 건 아닙니다. 몸을 전혀 움직이지 않으

의학적으로 편안한 자세

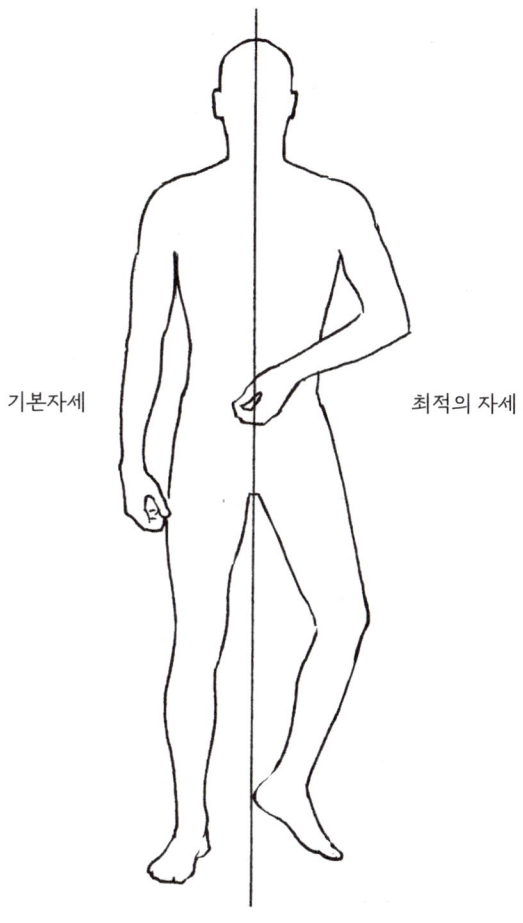

기본자세

최적의 자세

면 관절이 그대로 굳어 버려 나중에는 자유롭게 움직일 수 없기 때문이에요. 이러한 현상을 '구축'이라고 부릅니다.

구축을 예방하기 위해서는 관절을 굽혔다가 펴거나, 곧게 누운 자세에서 옆으로 돌려 눕히는 등 정기적으로 체위를 바꾸어 줘야 합니다.

건강한 사람이 욕창에 걸리지 않는 이유

정기적인 체위 변경은 욕창을 예방하기 위해서도 매우 중요합니다. 건강한 사람은 누가 업어 가도 모를 정도로 곤히 자더라도 욕창이 생기지는 않습니다. 자면서 무의식적으로 이리저리 뒤척이며 자세를 바꾸기 때문입니다. 평소 의식하지 못하지만, 우리 몸에 스스로 몸을 뒤척이는 기능이 있는 건 정말 고마운 일입니다. 만약 이 기능이 작동하지 않으면 순식간에 욕창이 생길 수 있거든요.

한번 50킬로그램이나 60킬로그램, 아니면 100킬로그램에 가까운 물체가 침대 위에 놓여 있다고 생각해 보세요. 그 물체 아래로 가해지는 압력은 얼마나 상당할까요?

계속 같은 자세로 누워 있으면 그러한 힘이 엉덩이, 뒤꿈치, 어깨뼈, 뒤통수 같은 부위에 집중됩니다. 이곳들이 대표적으로 욕창이 생기기 쉬운 부위입니다. 그래서 중환자나 거동이 불편한 사람을 돌볼 때는 욕창 예방을 위해 정기적으로 자세를 바꿔 주어야 합니다. 성인일 경우, 몇 사람이 힘을 합쳐야 할 정도로 힘이 많이 들죠. 의료 시설에서는 간호사나 요양보호사 들이 교대로 세심하게 관리하고는 합니다.

우리는 평소 건강의 소중함을 잘 느끼지 못합니다. 그러나 몸이 아파서 이전까지 아무렇지 않게 하던 일들을 할 수 없게 되면, 비로소 우리 몸이 얼마나 정교하고 귀한 기능을 하고 있었는지 깨닫게 됩니다. '아무 생각 없이 편안한 자세를 취할 수 있는 능력'은 건강한 사람만이 누릴 수 있는 특권입니다.

팔꿈치를 부딪히면
왜 저릿저릿할까?

저린 부위는 두 손가락뿐

책상 모서리에 팔꿈치를 호되게 부딪혀 팔 전체가 찌릿찌릿하고 아팠던 경험, 누구나 있을 거예요. 희한하게도 찧은 건 팔꿈치인데 손가락 끝까지 얼얼한 통증이 퍼지곤 하죠. 몸이 너무 호들갑을 떠는 걸까요? 이 현상에도 나름의 이유가 있습니다. 팔꿈치 부근에 몸 표면 가까이 지나는 신경이 있기 때문입니다. 바로 '척골 신경'입니다.

척골 신경은 넷째 손가락의 절반과 새끼손가락 전체 감각을 담당합니다. 팔꿈치를 세게 찧으면 손 전체가 저릿하지만,

실제로 저리는 부위는 넷째 손가락의 바깥쪽 절반과 새끼손가락, 이렇게 두 손가락뿐이에요. 혹시 팔꿈치를 부딪히게 되면, 지금 이 내용을 떠올리며 어디가 저린지 한번 확인해 보세요. 생각보다 저린 부위가 제한적이라는 사실을 알게 될 테니까요.(물론 아파서 그럴 여유가 없을 수 있지만요.)

우리 손의 감각은 척골 신경뿐 아니라, 요골 신경과 정중 신경도 담당하고 있습니다. 이 세 신경은 모두 팔에서 손으로 이어지는데, 저마다 담당하는 범위가 엄격하게 구분되어 있어요. 이 신경들은 손의 감각은 물론, 운동도 함께 관장합니다. 사람의 몸에서 손만큼 복잡한 운동을 할 수 있는 부위는 없죠. 손에만 뼈가 27개나 있고, 엄지손가락을 움직이는 근육은 여덟 종류나 됩니다. 거기에 세 가지 신경이 유기적으로 협력해 섬세하게 손을 움직입니다.

참고로 요골 신경 마비는 비교적 흔하게 생기는 증상으로, '토요일 밤 증후군(Saturday night syndrome)'이나 '허니문 마비(honeymoon palsy)' 같은 별명으로도 잘 알려져 있습니다. 토요일 밤에 술을 마시고 팔이 눌린 채 잠을 자서 생긴 증상이라는 뜻과, 신혼여행에서 밤새 팔베개를 해 주다 생기는 증상이라는 뜻이 담겨 있지요.

손의 감각을 관장하는 신경

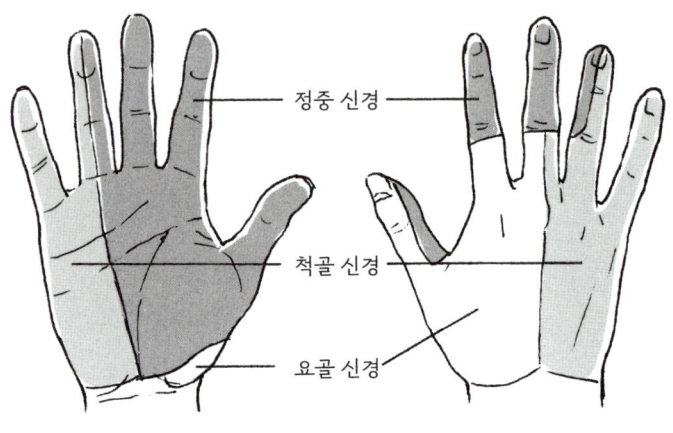

정중 신경

척골 신경

요골 신경

혈관이 지나는 자리

우리 몸에서 주요한 신경과 굵은 동맥 대부분은 몸 깊숙한 곳에 뻗쳐 있습니다. 중요할수록 피부 표면과 멀리 있어야 다칠 확률이 적고, 생존에 유리하니까요. 하지만 척골 신경처럼 예외적으로 몸 표면 가까이를 지나는 신경이 있고, 이는 동맥도 마찬가지입니다.

혹시 '리스트-커팅 증후군(wrist-cutting syndrome)'이라는 말을 들어 본 적 있나요? '리스트'는 영어로 손목을, '리스트

커팅'은 자해 목적으로 손목을 그어 상처를 내는 행동을 말합니다. 왜 굳이 손목일까요? 그건 동맥이 예외적으로 얕게 지나가는 부위이기 때문입니다. 손목께에 흐르는 이 동맥을 '요골 동맥'이라고 해요. 손목 안쪽에 손가락을 대 보면 누구나 두근두근 뛰는 맥박을 느낄 수 있습니다.

이처럼 동맥이 피부 가까이를 지나는 부위가 몇 군데 더 있습니다. 대표적으로 목, 겨드랑이 아래, 팔꿈치 안쪽, 사타구니, 무릎 뒤, 발등과 발목 부근 등이 있죠. 병원에서 의사나 간호사가 맥을 짚을 때는 항상 이 중 한 부위를 확인합니다.

반면, 몸의 다른 부위는 동맥이 피부 깊이 자리 잡고 있어 웬만한 상처로는 동맥까지 다치지 않습니다. 물론 몸 표면에서 맥을 잡을 수도 없고요.

여러분의 손등이나 팔을 보면 불룩하게 보이는 푸르스름한 혈관들이 눈에 띌 거예요. 이 혈관들은 대부분 정맥입니다. 정맥은 동맥과 달리 박동하지 않기 때문에, 손으로 만져도 맥박이 느껴지지 않습니다. 병원에서 링거를 꽂거나 피검사를 위해 주사를 놓는 혈관도 정맥입니다. 정맥은 몸 표면에 가까이 있어서 접근이 쉬우면서도 비교적 안전하기 때문이죠.

물론 경우에 따라 동맥에서 피를 뽑거나, 동맥에 관을 삽입하기도 하지만, 그런 상황은 꽤 드뭅니다. 필요하다면 의료진이 굳이 (정맥이 아니라) '동맥에 주사하겠습니다'라고 알려 줄 거예요. 별다른 언급이 없다면 정맥에 놓는 게 일반적이에요. 그만큼 정맥은 우리 몸에서 쉽고도 안전하게 접근할 수 있는 혈관입니다.

제2장

사람이 병에 걸리는 이유

인생이란 모든 사람이 걸리는 죽을병이다.

폴 모랑(소설가, 외교관)

사람은 어떻게
목숨을 잃을까?

일본의 사인별 사망률

우리 인간이 죽음을 맞이하는 원인은 무엇일까요? 다시 말해, 사망 원인(사인)은 무엇일까요? 물론 사람에 따라 다르겠지만, 통계를 살펴보면 일정한 경향을 확인할 수 있습니다. 다음 장에 나오는 일본의 '사망 원인에 따른 사망률 변화' 그래프를 보면, 과거에는 위장염, 결핵, 폐렴 같은 감염병이 높은 수치를 보입니다. 시간이 흐르면서 이런 감염병으로 인한 사망은 눈에 띄게 줄었어요.

이는 일본뿐 아니라 전 세계적으로 마찬가지입니다. 한때

사망 원인에 따른 사망률 변화

(인구 10만 명당 사망자 수)

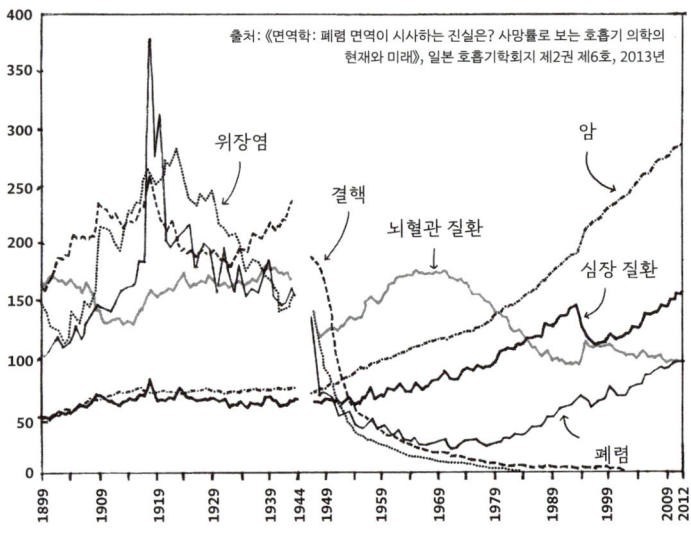

출처:《면역학: 폐렴 면역이 시사하는 진실은? 사망률로 보는 호흡기 의학의 현재와 미래》, 일본 호흡기학회지 제2권 제6호, 2013년

많은 사람의 목숨을 앗아 갔던 감염병이 항생제와 치료법의 발전, 백신 보급, 위생 환경 개선으로 급격히 줄어든 것이죠.

하지만 모든 나라가 그런 것은 아닙니다. 의료 환경이 취약한 개발 도상국에서는 여전히 감염병이 주요한 사망 원인입니다. 세계보건기구(WHO)의 조사에 따르면 저소득 국가에서는 사망 원인 상위 10위 가운데 감염병이 절반 이상을 차지합니다. 폐렴, 위장염(설사 증상), 말라리아, 결핵, 후천 면역 결핍증 같은 병이 해당하지요.

반면 소득 수준이 높은 나라일수록 감염병은 점점 사라지고, 그 자리를 심근 경색이나 심근염 같은 심장 질환, 뇌혈관 질환, 암이 차지하게 됩니다. 일본의 사정을 봐도 1945년 이후부터 이러한 변화 양상을 뚜렷하게 확인할 수 있어요.

암으로 죽는 사람이 늘어난 뜻밖의 이유

다음 장에 나오는 2019년 자료를 보면, 암과 심장 질환, 노쇠, 뇌혈관 질환, 폐렴이 상위 5대 질병으로 꼽히는데, 전체 사망 원인의 70퍼센트 가까이를 차지하고 있습니다. 그 밖에는 사고, 신부전, 알츠하이머병의 비율이 한 자리 수를 차지하고 있죠.

그중에서도 암은 1980년대부터 지금까지 사망 원인 1위를 차지한 채 꾸준히 증가 추세를 보이고 있어요. 현재 암은 전체 사망 원인 4분의 1 이상을 차지하는 질병입니다.

암 사망률이 꾸준히 증가하는 가장 큰 이유는 고령화예요. 연령대별 암 사망률을 살펴보면, 50대부터 서서히 늘기 시작해 70세 이상부터 급격하게 증가하는 경향을 보입니다. 물론

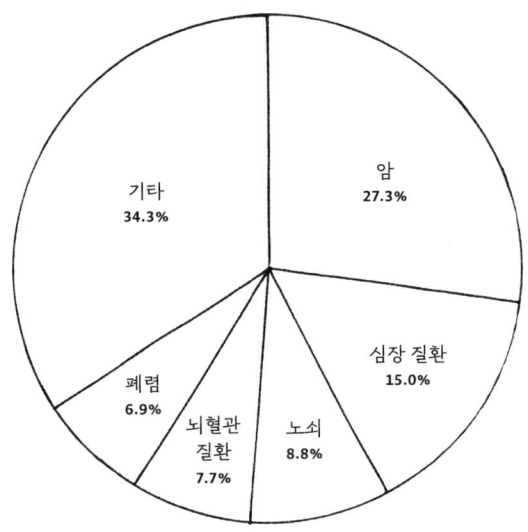

주요 사망 원인 구성 비율

- 암 27.3%
- 기타 34.3%
- 심장 질환 15.0%
- 노쇠 8.8%
- 뇌혈관 질환 7.7%
- 폐렴 6.9%

출처: 〈2019년 인구 동태 통계 월보 집계(잠정치) 개요〉,
후생노동성

어떤 암은 젊은 층에서 더 발병하기도 하지만, 전체 환자 수로 따지면 암은 압도적으로 '노인이 더 많이 걸리는 병'입니다.

암은 유전자에 변화가 생겨 정상 세포가 암세포로 변하고 그 암세포들이 통제되지 않고 증식하면서 생기는 병입니다. 이런 세포의 변화는 오랜 시간 몸을 사용하여 노화가 진행된 상태에서 발생하기 쉽다는 특성이 있습니다. 의학의 발전으로 수명이 늘어나면서 우리는 인체를 오래 사용하게 되었고, 이로 인해 암으로 죽는 사람도 자연스럽게 늘어난 거예요. 누가 "왜 옛날에는 암으로 죽는 사람이 적었죠?"라고 질문하면 "암에 걸리기 전에 다른 병으로 사망했기 때문입니다."라고 답할 수 있습니다.

암 사망률이 해마다 증가하는 걸 보면 암 치료에 진전이 없는 거 아니냐고 생각할 수도 있지만, 이는 사실과 다릅니다. 고령 인구 비율이 높아지면 필연적으로 암 사망률이 높아질 수밖에 없거든요. 대학생 1만 명과 노인 요양원 입소자 1만 명을 비교했을 때 후자가 암 사망률이 훨씬 높은 게 당연하듯 말입니다.

따라서 암 치료가 얼마나 발전했는지 확인하고 싶으면 나이를 따져 가며 수치를 살펴야 합니다. 이때 사용하는 게 '연령 표준화 사망률'이에요. 인구의 연령 구성을 보정해서 살펴보는 통계인데, 이 수치를 보면 암으로 인한 사망자는 해마다 감소하고 있다는 걸 알 수 있습니다.

실제로 암 치료는 최근 몇 년 동안 놀라울 정도로 발전했습니다. 새로운 항암제가 속속 개발되고 수술 기술도 향상되었으며 방사선 치료, 면역 요법 등 암에 대항할 무기가 점점 많아지고 있죠.

그렇다면 심장 질환과 뇌혈관 질환은 어떨까요? 이 질병으로 사망하는 사람 대부분은 기저 질환으로 고혈압, 당뇨병, 이상 지질 혈증 같은 성인병을 앓는 경우가 많습니다. 요즘 일본에서는 이러한 성인병을 '생활 습관병'이라고 고쳐 부릅니다. 나이를 먹으면 어쩔 수 없이 생기는 병이 아니라, 식습관이나 운동, 흡연 같은 생활 습관과 밀접하게 관련된 질병이라는 인식이 확산되었거든요.

생활 습관병의 공통점은 자각 증상이 없고 자기도 모르는 사이에 서서히 몸이 망가진다는 겁니다. 고혈압, 당뇨, 고지혈증, 흡연 습관 모두 동맥 경화를 촉진시키고, 그로 인해 심장이나 뇌혈관이 손상되어 심근 경색이나 뇌졸중 같은 치명적인 병을 일으킵니다.

물론 생활 습관병이 해치는 장기는 심장과 뇌만이 아닙니다. 간, 콩팥, 폐 같은 장기도 오랜 시간 동안 조용히 손상될 수 있어요. 가랑비에 옷 젖듯 서서히 누적된 피해가 몇 년 또는 수십 년 후 큰 병으로 나타나는 것이죠.

그렇다고 모든 원인을 생활 습관에만 돌릴 수는 없습니다. 유전적인 요인이나 환경 요인도 충분히 영향을 주거든요. 그러니 병에 걸렸다고 해서 '내 탓'이라며 자책할 필요는 없습니다. 질병의 원인은 그리 단순하지 않으니까요.

한편, 생활 습관에 영향을 받는 병에 암도 포함하는 경우가 많습니다. 특히 흡연은 갖가지 암을 일으켜요. 남성 암 환자의 약 30퍼센트, 여성은 5퍼센트가 흡연으로 암이 생겼다고 추정되며, 흡연자의 평균 수명은 비흡연자보다 8~10년 짧습니다. '담배 한 개비를 피울 때마다 수명이 약 10분 줄어든다'는 말이 있을 정도니 참 위험한 습관입니다.

사람이 죽는 가장 큰 요인

아무리 건강한 사람이라도 나이가 들면 결국 죽음을 맞이합니다. 우리 사람이 죽는 원인 가운데 '나이듦'이 얼마나 큰 비중을 차지하는지 잊어서는 안 돼요.

오늘날 사망 원인을 살피면 노쇠와 폐렴의 비율이 크고, 해마다 증가합니다. 모두 '노화'가 주요 원인이죠. 노쇠는 말 그대로 나이가 드는 현상 그 자체고, 폐렴 역시 의료 수준이 높은 나라에서는 대부분 고령자의 목숨을 앗아 가는 질환입니다. 이 점은 나이별 폐렴 사망률을 살피면 드러납니다. 주로 70대 이후가 많고, 젊은 사람은 노인에 비해 폐렴으로 목숨을 잃는 경우가 압도적으로 낮거든요. 나이가 들면 호흡기 기능이 떨어져 폐렴에 걸리기 쉽고, 걸린 후의 저항력도 낮아서 몸에 치명적입니다.

음식물이 기도로 넘어가 생기는 폐렴을 '흡인성 폐렴'이라고 합니다. 식도로 가야 할 음식물이 기관지 쪽으로 잘못 들어가 생기는 폐렴이죠. 젊은 사람은 기침 반사가 원활히 이루어져서 이물질이 기도로 들어오면 즉시 밖으로 내보냅니다. 흔히 사레가 들었다고 말하는 반응입니다. 하지만 고령자는 이기침 반사 기능이 떨어져서 음식물이 기도로 넘어가 폐렴으로 이어질 가능성이 높아요.

문제는 음식물이 기도로 넘어가 생긴 폐렴인지, 그렇지 않은 폐렴인지를 엄밀히 구분하기 어려운 경우가 많다는 거예요. 이런 이유로 고령자의 폐렴은 사실상 고령 자체가 주요 원인이라고 판단되기도 하며, 실제로 노쇠와 의학적으로 구별하기 어려운 사례도 많습니다.

여기까지 내용을 간단히 정리하자면, 오늘날 일본인 대부분은 암 또는 생활 습관병 또는 노화로 인해 사망한다고 볼 수 있습니다. 그리고 이 경향은 앞으로도 크게 달라지지 않을 것으로 보입니다.

한 가지 중요한 사실은, 본래 사람이 나이를 먹을수록 죽을 확률은 높아진다는 점입니다. 그래서 주요 사망 원인 통계를 보면 '중장년층은 반드시 특정 질환으로 사망한다'고 여기기 쉬운데, 이 점을 주의해야 해요.

젊은 사람들은 어떤 이유로 사망할까요? 40세 미만의 사망 원인을 살펴보면, 전체 통계에서는 잘 드러나지 않는 사망 원인들이 줄지어 등장하는 것을 확인할 수 있어요. 예를 들어, 20대와 30대의 사망 원인 1위는 '자살'입니다. 또 활동량이 많은 이 연령대에서는 '불의의 사고'가 사망 원인 상위권에 자리한다는 특징이 있어요. 이러한 죽음은 개인 차원의 문제가 아니라 사회적인 대책으로 예방이 가능합니다. 따라서 보다 적극적인 예방이 필요하다는 목소리가 높아지고 있어요.

이처럼 '사람은 어떤 이유로 죽는가?'라는 질문에 답하려면, 연령대에 따른 특성을 충분히 이해하고 논의할 필요가 있습니다.

먹지도,
마시지도 않고
사는 법

물과 영양소를 얼마나 섭취해야 할까?

여러분은 어제 몇 칼로리의 열량과 몇 리터의 물을 섭취했나요? 이 질문에 정확하게 답할 수 있는 사람은 아마 거의 없을 거예요. 끊임없이 물과 영양을 섭취해야 살아갈 수 있는데도, 정작 어느 정도가 적절한지는 잘 모릅니다.

'오늘은 수분 200밀리리터, 열량 300킬로칼로리가 부족하니까 우유 한 잔에 빵 하나를 먹고 자야지.'

이렇게 매번 계산하며 먹고 마시는 사람은 거의 없을 거예요. 대부분 목이 마르면 물을 마시고, 배가 고프면 밥을 먹는 식으로 자연스럽게 조절하니까요. 그런데 당연해 보이는 이 방식은 사실 당연하지 않습니다. 우리 몸이 필요에 따라 물과 영양을 흡수하도록 만들어져 있다는 건 정말로 정교한 자연의 섭리 덕분입니다.

그 소중함은 병에 걸려 보면 알 수 있습니다. 병원에는 입으로 먹고 마실 수 없는 환자가 많습니다. 의식이 없는 사람, 기관에 튜브를 넣어 인공호흡기를 단 사람, 식도와 대장 등에 소화기 질환이 생긴 사람 등 다양하죠. 이런 환자들을 살리려면 어떤 형태로든 몸에 물과 영양분을 공급해 주어야 합니다. 스스로 챙길 수 없는 상태에서 누군가 채워 주지 않으면 탈수와 영양 결핍으로 목숨을 잃을 테니까요.

그래서 의료 현장에서는 앞서 묘사한 대로 환자가 소모한 열량과 수분량을 매일 체크합니다. 특히 의식이 없는 환자의 경우, 누군가가 어느 정도의 물과 영양을 섭취해야 할지 확인하고 적당한 양을 투여해야 하죠. 환자의 체격과 장기 기능이 어떤지, 병의 상태는 어떤지를 고려하고 소변량을 측정해 적절한 수치를 계산합니다.

그러면 물과 영양소는 어떻게 몸속에 넣어 줄까요? 크게 두 가지 방법이 있습니다. 첫째는 혈관에 영양제를 직접 주입하는 방법, 둘째는 위나 십이지장 같은 소화 기관으로 공급하는 방법입니다.

혈관에 주입하는 영양제를 흔히 '링거'라고 부릅니다. 팔에 놓는 일반 링거로는 하루 필요한 영양분을 다 투여할 수 없어요. 농도가 진한 영양제를 말초 혈관에 주입하면 정맥에 염증이 생길 수 있거든요.

그래서 자주 쓰는 방법이 '중심 정맥 영양'입니다. 목이나 쇄골 아래, 팔꿈치 부근에 가느다란 의료용 관인 '카테터'를 꽂고, 그 끝을 심장 부근의 굵은 정맥에 두는 방식입니다. 카테터를 활용하면 고열량 영양제를 충분히 투여할 수 있어요. 건강한 사람이 식사를 통해 얻는 수분과 영양을, 링거로 전부 넣어 줄 수 있죠.

하지만 이 방법에도 단점이 있습니다. 장을 전혀 사용하지 않기 때문에 장 점막이 위축되고 기능이 떨어진다는 거예요. 1장에서 언급했던 우주 비행사의 상황과 비슷합니다. 우리 몸은 쓰지 않는 기관은 필요 없다고 판단해서 기능을 멈추려 하거든요.

그래서 의료 현장에는 이런 격언이 있습니다. "장이 일하면, 반드시 장을 써라.(If the gut works, use it.)" 다시 말해, 가능한

한 소화 기관에 영양제를 공급하라는 뜻입니다.

코에 관을 넣어 위까지 도달하게 하거나, 위에 작은 주머니를 달아 직접 영양제를 주입하는 방식은 '튜브 영양'이라 부릅니다. 튜브를 끼워 영양을 공급한다는 거죠. 비록 씹거나 삼키는 과정은 생략되지만, 몸은 마치 입으로 먹는 것처럼 받아들인다는 장점이 있어요. 물론 소화 기관에 질환이 있거나 심한 구토와 설사가 계속될 경우에는 어쩔 수 없이 중심 정맥 영양을 선택해야 합니다.

건강을 회복해 다시 음식을 직접 먹을 수 있을 때까지 생명을 이어 주는 기술. 이 놀라운 의학 기술의 발전 덕분에 우리는 입으로 먹거나 마시지 않아도 생존할 수 있게 되었습니다.

식생활이 불균형하면 생기는 병

제가 필요한 수분과 영양분을 주입하면 안 먹고도 살 수 있다고 쓰기는 했지만, 말처럼 단순한 일은 아닙니다. 예를 들어 하루에 1500킬로칼로리가 필요한 사람이 있다고 해 봅시다. 이 사람이 매일 그만큼의 흰쌀밥만 먹으면 건강을 유지할 수 있을까요? 지겨워서 어떻게 맨날 맨밥만 먹느냐는 문제와는 별개로, 막연하게나마 몸 상태가 나빠질 거 같다는 예감이

들 거예요. 음식을 골고루 먹지 않으면 분명 어떤 영양소가 부족할 거 같다는 생각이 있기 때문입니다. 머릿속에 최소한의 지식이 들어 있는 거죠.

그러나 이런 '상식'이 자리를 잡은 건 20세기 들어서입니다. 음식에 들어 있는 미량의 영양소에 대한 이해가 없었거든요. 우리 몸에 없으면 탈이 나는 물질은 많지만, 그중에서도 중요한 게 바로 비타민입니다.

1912년, 폴란드 출신의 생화학자 캐시미어 풍크는 그동안 원인을 알 수 없던 '각기병'이라는 병이 특정 영양소가 부족해 발생한다는 사실을 밝혀냈습니다. 살아가는 데 꼭 필요한(vital) 아민(amine) 화합물이란 의미로 그는 이 물질을 '비타민(vitamine)'이라고 명명했습니다. 그가 발견한 영양소는 바로 비타민 B1이었죠.(후에 아민이 아닌 비타민도 있다는 사실이 밝혀져 e를 빼고 vitamin이라고 표기하게 되었습니다.)

이후 새로운 비타민이 차례차례 발견되며 그때까지 원인을 몰랐던 여러 질병이 '특정 영양소 결핍'으로 생긴다는 사실이 드러났습니다. 괴혈병(비타민 C 결핍), 구루병(비타민 D 결핍), 펠라그라(비타민 B3 결핍), 야맹증(비타민 A 결핍), 악성 빈혈(비타민 B12 결핍) 등 다양한 질병의 원인을 밝힌 겁니다.

비타민은 3대 영양소(탄수화물, 지방, 단백질)처럼 에너지원은 아니지만, 인체의 기능을 정상적으로 유지하는 데 필수적인 물질입니다. 비타민은 여덟 가지의 B를 비롯해 A, C, D, E, K 등 총 13종이 있으며, 대부분 체내에서 합성되지 않기 때문에 음식으로 섭취해야 합니다.

'국민병'이었던 각기병

각기병은 한때 일본에서 '국민병'으로 불릴 정도로 크게 유행했습니다. 이 병에 걸리면 신경에 장애가 생겨 팔다리가 저리고 마비되며, 심하면 심장 기능이 무너져 목숨을 잃기도 합니다.

유행 계기는 에도 시대(1603~1867년)에 현미 대신 백미가 점차 보급되면서였습니다. 현미에는 비타민 B1이 풍부하지만, 백미는 도정 과정에서 쌀겨가 깎이면서 영양소도 같이 사라지거든요. 엎친 데 덮친 격으로 당시에는 반찬도 부실했기에 비타민 B1이 결핍되기 더 쉬웠습니다.

당시에 각기병은 원인을 알 수 없는 괴질로 여겨졌고 백미가 가장 먼저 보급된 수도, 에도에서 먼저 퍼졌다고 해 '에도병'이라고 불렸습니다.

다카기 가네히로

메이지 시대(1868~1912년)에는 더욱 상황이 심각해졌습니다. 매년 1만~3만 명이 각기병으로 목숨을 잃었거든요. 특히 매끼 식사가 단조로웠던 군대에서 각기병으로 사망하는 군인이 속출했습니다. 전쟁에서 싸우다 죽는 전사자보다 각기병 환자가 더 많아서 정상적으로 운용이 불가한 부대도 있었죠.

이때 해군 군의관이었던 다카기 가네히로가 각기병의 원인이 음식에 있다는 걸 재빨리 눈치챘습니다. 식단에 보리밥을 추가하자 해군들의 각기병 발병률이 눈에 띄게 줄었죠. 영국에서 유학한 경험이 있던 그는 영국 해군이 각기병에 걸리지 않는다는 사실에 주목하였고, 양식이 해결의 열쇠일 거라 추론한 것이었어요.

한편, 육군 군의관이었던 이시구로 다다노리와 모리 린타로는 각기병이 각기균이라는 세균이 일으키는 감염증이라는 주장을 고집했습니다. 당시에는 독일에서 세균학이 크게 주

목받으며 세계 학계를 이끌고
있었거든요. 도쿄대학교를 거
쳐 독일로 유학을 다녀온 엘
리트 군의관, 모리 린타로의
눈에는 경험에 기반한 해군
다카기의 치료가 비과학적으
로 보였을지 모릅니다. 보리
밥이 각기병에 효과가 있다는

모리 린타로

주장이 퍼지자, 이에 질세라 더욱 세균설을 굽히지 않았어요.
당시 육군에 보급되던 식사는 하루에 백미 6홉(약 900그램)이
었고, 반찬은 부족했기에 각기병에 걸릴 위험이 극도로 높았
습니다.

　그럼에도 육군은 식단을 바꾸지 않았고 그 결과 청일 전쟁
에서 4000명 이상, 러일 전쟁에서는 2만 명 이상의 각기병 사
망자가 나왔습니다. 반면, 해군은 두 전쟁을 합쳐 단 3명뿐이
었죠. 해군이 육군보다 병사 수가 적다는 사실을 차치해도 무
시할 수 없는 차이입니다.

　그 후 1911년, 일본의 화학자 스즈키 우메타로가 쌀겨에서
각기병에 효과가 있는 물질을 세계 최초로 추출하고 오리자닌

(oryzanin)이라고 이름 붙였습니다. 그러나 일본 내에서만 논문을 발표해 세계적으로 널리 퍼지지는 못했어요. 그 이듬해 폴란드에서 캐시미어 풍크가 비타민을 발견하면서 비로소 각기병이 비타민 결핍증이라는 인식이 생기게 되었습니다.

건강과 병의 경계는 어디쯤일까?

의외로 어려운 질문

병이란 어떤 상태를 말할까요? 이 질문은 생각보다 답하기 어렵습니다. 한번 예를 들어 볼게요.

세균은 우리 몸에 병을 일으키는 미생물입니다. 그렇다면 세균이 몸 안에 들어온 상태는 병일까요? 정답은 '아니요.'입니다. 애초에 우리 피부에는 수많은 세균이 서식하고 있고, 입이나 장 속에도 세균이 득실거립니다. 이 세균들이 몸에 이상을 일으켰을 때 비로소 병이라 부를 수 있죠. 세균 유무가 병을 판가름하는 기준은 아닙니다.

이를 테면 '황색 포도상 구균'이라는 세균이 있습니다. 심장 내막염과 관절염, 피부 감염증 같은 다양한 병을 일으키는 미생물이죠. 흔히 종기라고 부르는 전염성 농가진의 원인균이기도 합니다.

2000년 일본에서 유키지루시유업의 유제품을 먹은 소비자 약 1만 3000명이 식중독에 걸리는 사건이 있었습니다. 제조 공정 중에 번식한 황색 포도상 구균의 독소가 문제였죠. 그런가 하면 2012년 미국에서는 패션모델 로렌 바서가 탐폰을 사용했다가 심각한 세균 감염증에 걸려 두 다리를 절단했습니다. 이 원인도 황색 포도상 구균이 일으킨 독성 쇼크 증후군이었어요.

이처럼 황색 포도상 구균은 기업과 사람의 운명을 바꿀 정도로 무서운 세균이지만, 알고 보면 건강한 사람도 약 30퍼센트나 콧속이나 피부 표면에 이 균을 보유하고 있습니다. 다시 말해 이 균이 몸에 있다고 해서 병은 아닌 거예요. 게다가 세균 감염증의 치료 목적도 세균을 완전히 없애는 것이 아닙니다. 몸에 세균이 남아 있어도 병을 일으키지 않는다면 '나았다'고 말할 수 있기 때문입니다. 이처럼 건강과 병의 경계는 명확하게 나누기 어렵습니다.

바이러스 감염증은 더 복잡합니다. '입술 헤르페스'라는 병이 있습니다. 입 주위에 자잘한 물집이 나는 병인데, 헤르페스 바이러스가 원인이죠. 이 바이러스는 평소에는 얼굴의 신경절 속에 숨어 살며 별문제를 일으키지 않습니다. 그러다 피로나 스트레스가 쌓이면 바이러스가 활성화되어 입 주변에 물집을 유발하죠. 바이러스가 있는 상태 자체가 병이 아니고, 증상이 나타날 때만 병이라고 할 수 있습니다.

이와 비슷하게 '돌발성 발진'을 일으키는 헤르페스바이러스 6형은 거의 모든 사람이 유아기 때 감염됩니다. 증상이 없이 지나가기도 하고 일부는 돌발성 난청을 겪기도 하지요. 이 바이러스는 한 번 감염되면 몸속에 평생 남습니다. 영유아가 외출을 하지 않아도 감염되는 이유는 부모의 몸에 이미 바이러스가 있기 때문입니다.

이처럼 바이러스는 박멸할 수 없고, 애써 박멸할 필요도 없습니다. 증상이 생기거나 생명을 위협할 때만 의료적 조치가 필요한 것이지요. 결국 '병인가 아닌가'는 사람의 필요에 따라 결정됩니다.

코로나19 진단에 널리 쓰인 PCR 검사도 절대적인 기준은 아닙니다. 예를 들어 코로나에 걸렸다가 회복 중인 사람이 다나았는지 확인하고 싶을 경우 어떻게 해야 할까요?

보통 발병 후 7~10일이 지나면 전염력이 사라집니다. 그 시점에서 별다른 증상이 없다면 병이 아니라고 볼 수 있습니다. 불편한 증상도 없고 목숨이 위태롭지도 않으며 남에게 옮길 위험도 없으니까요.

그런데 PCR 검사에서는 바이러스 조각이 남아 있으면 2~3주가 지나고서도 양성 반응이 나올 수 있습니다. 즉, PCR 검사는 바이러스의 흔적을 보여 줄 뿐, 병이 있는지를 판가름해 주는 검사가 아닙니다. 병에 걸렸다고 간주할 사람은 치료나 격리가 필요한 사람이지, 검사 결과가 양성인 사람이 아닌 거예요.

하지만 여전히 많은 사람이 검사 결과로 병에 걸렸는지를 판단하려는 경향이 있습니다. 정밀한 의료 기기가 알려 주는 객관적인 수치를 기준으로 병을 판가름하는 게 설득력 있다고 느끼기 때문입니다.

암일까, 아닐까?

암인지, 암이 아닌지 역시 단순히 답할 수 있는 문제가 아닙니다. 사실 건강한 사람의 몸에도 끊임없이 암세포가 탄생하거든요. 매일 세포 분열 과정에서 암세포가 생겨나고, 면역 시스템이 이를 없앱니다. 즉, '몸에 암세포가 있는 상태'라고 해서 그 사람이 암에 걸렸다고 진단하지 않아요.

암세포가 증식하면서 주변 장기를 파괴하거나 전이 가능성이 있을 때 비로소 암이라는 병으로 보고 치료를 시작하죠. 누가 봐도 명백한 질병인 암조차도 어느 순간부터 병인지 경계가 명확하지 않은 겁니다.

고인의 몸을 부검해 보면 전립샘암이 발견되는 경우가 있습니다. 50세 이상은 약 20퍼센트, 80세 이상은 약 60퍼센트에 달하죠. 생전에는 증상이 없었고, 목숨을 위협하지도 않아서 진단되지 않았던 거예요. 그러다 숙주가 죽으면서 함께 죽음을 맞이한 거죠. 이러한 암을 '잠복암'이라 부릅니다. 대부분 진행이 느려 암이 위협이 되기 전, 수명이 먼저 다했다고 말할 수도 있어요.

그렇다면 사후에 잠복암이 발견된 사람은 생전에 병이 있었다고 말할 수 있을까요? 아무런 증상도 없었고, 주위 장기에 영향을 미치지 않았거니와, 목숨을 위협하지도 않았다면 그 암은 병일까요?

적어도 수명보다 성장 속도가 느린 암이라면 굳이 진단할 필요는 없을 거예요. 암이라는 건 사실이지만, 병은 '필요에 따라 정의하는 개념'이니 이런 암은 병이라고 하기 어렵죠.

물론 대다수 암은 발견되는 시점에서 병이라고 부르는 게 일반적입니다. 방치하면 목숨을 잃을 수 있음을 수많은 자료에서 높은 정확도로 예측하고 있으니까요. 그러나 정말로 치료가 필요한지는 타임머신을 타고 암을 방치했을 때의 미래로 가서 확인하고 돌아오지 않는 한 장담할 수 없습니다.

결국 사람의 판단을 넘어선 어떤 확정적인 지표가 '병인지 아닌지'를 가르지 않습니다. 오로지 사람이 병인지를 결정합니다.

'위험 요인' 발견

1948년, 미국 보스턴 외곽의 소도시 프레이밍햄에서 역사적인 연구가 시작되었습니다. 5000명 이상의 주민을 수십 년 동안 추적해 심혈관 질환의 원인을 밝혀낸 '프레이밍햄 심장 연구(Framingham Heart Study)'입니다.

당시 미국에서는 심근 경색과 같은 심혈관 질환 환자가 급증해 수많은 사람이 목숨을 잃었습니다. 의학의 발전으로 감염병 환자는 급감했지만, 심혈관 질환자는 급속히 늘어나 당시 사망 원인 1위를 차지하고 있었죠. 그러나 원인을 알 수 없었고, 예방법도 없었습니다. 나라를 휘청이게 하는 이 국민병에 많은 미국인이 속절없이 세상을 떴습니다.

이러한 상황에서 미국의 국립보건원(National Institutes of Health, NIH)이 시작한 프로젝트가 바로 프레이밍햄 심장 연구였습니다. 한마을 주민을 오랜 세월에 걸쳐 추적 조사하여 어떤 사람이 심혈관 질환에 잘 걸리는지 알아내는 세계 최초의 연구였죠. 이 대규모 연구에 미국은 국운을 걸고 막대한 연구비를 투자했습니다.

이 엄청난 프로젝트에서 중요한 사실이 속속 밝혀졌습니다. 높은 콜레스테롤 수치, 고혈압, 비만, 당뇨, 흡연 같은 조건을 갖춘 사람은 그렇지 않은 사람보다 심혈관 질환에 걸리기 쉬웠던 것이죠. 더욱이 이 요인이 여럿 겹치면 발병할 확률이 급증한다는 사실도 알아냈습니다. 후대에 여러 역학 연구가 이 통찰을 뒷받침하죠.

당시 미국은 염분과 지방이 많은 패스트푸드 확산, 자동차 보급으로 인한 운동 부족과 동반되는 비만, 높은 흡연율로 '성인병 고위험 사회'였습니다. 하지만 프레이밍햄 심장 연구 전에는 그러한 생활 습관이 병으로 이어진다는 인식이 없었죠.

이 이후 고혈압과 이상 지질 혈증, 고혈당 같은 위험 인자를 치료하는 약이 많이 개발되었습니다. 이렇다 할 증상이 없어서 그동안 병으로 인식하지 못했던 '상태'를 '병'이라고 정의해야 할 필요성이 생겼기 때문입니다. 이처럼 수많은 역학 연구로 인해 질병의 정의가 바뀌어 갔습니다. 나아가 '혈압과 콜레스테롤 수치, 혈당치를 어느 정도로 낮추면 병에 걸릴 가능성이 가장 낮아질까?'와 같은 질문에 더 확실한 답을 내놓을 수 있게 되었죠.

이를 테면 1987년에 일본 후생성(현재의 후생노동성, 우리나라의 보건복지부와 유사한 정부 기관 – 옮긴이)이 제시한 고혈압 기준은 180/100(최고 혈압/최저 혈압)이었습니다. 그러나 그 기준은 서서히 엄격해져 2019년에는 75세 미만은 130/80, 75세 이상은 140/90으로 바뀌었죠.

프레이밍햄 심장 연구는 아직도 진행 중이며, 새로운 결과를 계속 내놓고 있습니다. 초창기 연구에 참여했던 사람들의 자녀 세대까지 포함해 조사가 이어지고 있죠.

이 연구는 '위험 인자(risk factor)'라는 개념을 최초로 만들어 냈다는 점에서 역사에 큰 전환점이 되었습니다. 오랜 세월 우리 몸을 좀먹어 온 질병은 원인이 단순하지 않고, 여러 요인이 복잡하게 얽혀 있습니다. 이러한 질병에 접근하기 위해서는 프레이밍햄 심장 연구와 같은 역학 조사가 필수예요. 역학 조사는 통계를 통해 '무엇이 나쁜지'와 '무엇을 해야 하는지'를 꽤나 정확하게 알려 줍니다. 질병의 메커니즘을 밝히는 건 그 후도 늦지 않아요.

면역은 어떻게
내 편과 적을 구별할까?

두 가지 면역

여름은 무덥고 습합니다. 그래서 음식에 금세 곰팡이가 슬고 상해 버리죠. 만약 한여름에 냉장고를 쓰지 못하면 집 안의 모든 유기물이 부패해서 악취가 풍길 거예요.

그런데 이러한 환경에서도 결코 썩지 않는 거대한 유기물이 여러분 집에 있습니다. 바로, 여러분의 몸입니다. 건강한 한 우리 몸은 곰팡이가 생기거나 썩지 않습니다.

부패란 미생물이 유기물을 분해하면서 생기는 생명 활동의 결과입니다. 그렇다면 마찬가지로 유기물인 우리 몸은 왜 미생물이 분해하지 못할까요? 그건 우리 몸이 '면역'이라는 방어 체계를 갖추고 있기 때문입니다.

면역은 우리 몸에 침입하는 외부의 미생물이나 이물질을 감지하고 제거하는 힘입니다. 이 면역 시스템은 '나'와 '타자'를 구별하는 능력을 지녀서 밖에서 들어왔다고 판단된 물질만 골라 공격해요.

우리는 엄청난 수의 세균과 바이러스, 진균과 공생합니다. 그런데도 병에 걸리지 않고 살 수 있는 건 미생물의 활동을 면역 시스템이 억제해 주기 때문입니다. 면역은 크게 두 가지 방식으로 적을 상대합니다.

첫 번째는 '자연 면역'입니다. 태어나면서 갖춘 면역이라 '선천 면역'이라고도 합니다. 침입해 오는 적을 최전방에서 직접 공격하고(포식하고) 내쫓는 역할을 하죠. 백혈구의 일종인 호중구와 대식 세포가 이 기능을 담당합니다.

두 번째는 '획득 면역'인데, 후천적으로 생기는 면역이라 '후천 면역'이라고도 불러요. 이전에 한 번 만났던 적의 형태를 기억해 두었다가, 이 상대에게 가장 효과적인 공격 방법을 준비해 두죠. 다음에 같은 적을 만나면 효과적으로 없애 버릴 수 있도록요. 이 기능은 림프구가 담당하며, 크게 T세포(T

림프구)와 B세포(B림프구)로 나뉩니다. 한 번 당한 상대에게 다시 당하지 않겠다는 각오로, 적의 모습을 머리끝부터 발끝까지 정확하게 새겨 두는 셈입니다. 이때 적의 겉모습, 즉 특징을 '항원'이라 불러요.

획득 면역은 크게 두 가지 전술을 구사합니다. 하나는 면역 세포가 직접 항원에 달라붙어 공격하는 방법이고, 다른 하나는 '항체'라는 무기를 개발해서 이를 항원과 결합시켜 공격하는 방법입니다.

항체는 완전히 적의 항원에 맞추어 만드는 전용 무기입니다. 모기에게는 모기향을, 바퀴벌레에게는 바퀴벌레 전용 퇴치제를 사용하듯 상대의 특성에 최적화된 공격을 펼친다는 강점이 있습니다.

백신의 원리

홍역이나 볼거리처럼 '한 번 걸리면 다시는 걸리지 않는 병'이 있다는 사실은 오래전부터 알려져 있었습니다. 앞서 설명한 획득 면역 덕분이죠. 하지만 이를 바꿔 말하면 적의 첫 번째 공격은 허용해야 한다는 뜻이 됩니다. 만약 상대가 너무 강력하면 첫 감염에서 심각한 후유증을 입거나 심하면 목숨을 잃을 수도 있겠죠.

그러나 적의 공격을 받지 않고도 사전에 무기를 준비할 수 있습니다. 적의 특성만 알고 있다면요. 예를 들어 모기를 직접 본 적이 없더라도, 누군가가 모기의 생김새를 정확히 알려 준다면 미리 모기향을 준비할 수 있겠지요.

백신도 같은 원리로 작동합니다. 세균이나 바이러스의 독성을 없애거나 특별히 처리해 병을 일으키지 않도록 만들고, 그 물질을 우리 몸에 주입해 적의 정보를 미리 기억하게 만들죠. 실제 병원체가 침입했을 때 신속하고 강력하게 반응하도록 말입니다.

최근 세계적으로 사용된 코로나19 백신 가운데 'mRNA 백신'이라는 새로운 유형이 있습니다. mRNA는 바이러스 항원의 '설계도'입니다. 이 설계도를 몸에 주입하면 우리 몸이 이를 바탕으로 항원을 만들어, 이에 맞서는 항체를 생산하는 원리예요.

면역 작용을 이해함으로써 적에게 일격도 허용하지 않는 강력한 무기가 바로 백신입니다.

알레르기가 생기는 이유

적이 아닌데 적으로 착각할 때

면역은 몸에 침입한 이물질을 공격해 주는 뛰어난 시스템입니다. 그런데 이물질이라고 다 공격하면 우리는 살아갈 수 없어요. 매일 세 끼 식사를 하며 수많은 이물질을 입으로 들여보내니까요. 그래서 우리 몸에는 입으로 들어와 소화 기관을 지나는 '이물질'에는 면역 반응을 하지 않도록 억제하는 장치가 있습니다. 이를 '경구 면역 관용'이라고 부릅니다.

일본에 옻칠 장인은 어려서부터 일부러 옻을 핥는다는 이야기가 있습니다. 입으로 들어온 물질은 이물질로 간주하지 않는다는 경구 면역 관용의 원리가 적용되어, 옻이 피부에 닿아도 반응이 일어나지 않기 때문입니다.

반면 음식물인데도 경구 면역 관용이 제대로 작동하지 않아 면역 반응이 발생하는 현상이 바로 식품 알레르기입니다. 달걀이나 밀가루 같은 특정 음식물에 들어 있는 물질에 대해 항체가 만들어지고, 그로 인해 온몸에 알레르기 증상이 일어나죠.

그렇다면 왜 경구 면역 관용이 제대로 작동하지 않는 걸까요? 최근에는 그 원인으로 '피부 감작 반응'이라는 현상이 밝혀졌습니다. 예전부터 아토피 피부염이 있는 아이에게 식품 알레르기가 잘 생긴다는 사실은 알려져 있었습니다. 전에는 이른바 '알레르기 체질'이라 그렇다고 여겨졌어요. 하지만 최근 연구에서는 피부 장벽이 약해진 곳으로 특정 물질이 들어오면, 그 물질이 면역계에 의해 이물질로 기억된다는 가설이 제시되었습니다.

다시 말해 면역은 입으로 들어온 물질에 대해서는 관대하지만, 피부 장벽을 뚫고 침입한 물질에 대해선 적으로 간주하는 것처럼 보인다는 겁니다. 따라서 식품 알레르기는 주위에 있는 음식물이 피부를 통해 들어오며 면역에 '이건 위험한 물질이야'라는 인식을 심어 주면서 발생한다고 보고 있습니다. 아직 식품 알레르기에 대해 모두 밝혀지지 않았지만, 점차 연구가 진행되며 그 실체가 드러나고 있습니다.

면역이 오작동을 일으키는 질병

알레르기는 원래 해롭지 않은 물질에 면역이 과하게 반응하는 현상입니다. 그런데 이와는 또 다른 형태로, 면역이 자기 몸을 이물질로 오해하고 공격하는 병도 있습니다. 이를 '자가 면역 질환'이라고 합니다.

예를 들어 류머티즘성 관절염은 관절 안쪽을 감싸고 있는 활막을 면역이 공격해 염증을 일으키는 질환입니다. 1형 당뇨병은 대부분 이자의 인슐린을 만들어 내는 세포를 면역이 파괴하면서 발생하고, 자가 면역성 갑상샘염(하시모토병)은 면역 체계가 갑상샘을 공격해 갑상샘 기능이 떨어지는 병입니다. 셰그렌 증후군에 걸리면 주로 눈물샘과 침샘이 면역의 공격을 받아 눈과 입이 바짝 마릅니다.

자가 면역 질환의 종류는 매우 다양하고, 그 분류도 복잡합니다. 여기서는 간단하게 언급했지만, 장기 곳곳에 문제가 생길 수 있고, 증상이 좋아졌다가 나빠졌다가 반복하며 만성적으로 진행되는 경우가 많습니다. 모두 면역이 '자기 몸'을 공격해서 생긴다는 공통점이 있죠. 주로 류머티즘내과 같은 곳에서 전문적으로 진료를 봅니다.

외부 미생물 때문에 생긴 항체가 우리 몸 안에 있는 비슷한 물질과 반응하면서 자가 면역 반응을 일으키는 경우도 있습니다.

예를 들어 목에 염증을 일으키는 '용혈성 연쇄상 구균'이라는 세균이 있습니다. 이 균에 감염되면 면역 체계가 이 균의 항원에 작용하는 항체를 만들어 대응합니다. 문제는 이 균의 항원과 유사한 구조를 우리 몸의 관절이나 심장, 피부, 신경 등에서도 찾아볼 수 있다는 점입니다. 그 결과 염증이 생기고 2~3주가 지나면, 면역이 신체 부위까지 적으로 여겨 공격하고, 때로 류머티즘열이라는 중증 전신 질환으로 발전하기도 합니다. 류머티즘열은 이름에 '류머티즘'이 들어가지만, 성인에게 생기는 류머티즘 관절염과는 완전히 다른 병으로, 주로 어린이에게서 많이 발생합니다.

또 다른 예로는 길랭·바레 증후군이 있습니다. 이 질환은 팔다리의 신경이 마비되어 걷지 못하게 되거나, 심할 경우 호흡 중추가 마비되어 스스로 숨을 쉴 수 없게 되는 병입니다.

대부분은 시간이 지나면서 저절로 회복되지만, 일시적으로 인공호흡기에 의존해야 하기도 합니다.

이 증후군의 정확한 원인은 아직 밝혀지지 않았지만, 약 70퍼센트의 환자는 발병 4주 이내에 감염병을 앓은 이력이 있는 것으로 보고되었습니다. 원인이 되는 세균이나 바이러스가 특정되지는 않지만, 가장 흔하게 집계되는 건 '캄필로박터균'입니다.

캄필로박터균에 의한 식중독은 주로 고기를 덜 익혀 먹었을 때 발생하며, 보통 구토, 설사, 발열을 동반하는 급성 위장염을 일으킵니다. 대부분은 얼마간 고생하다가 자연스럽게 낫지만, 1000명 중에 한 명은 길랭·바레 증후군에 걸립니다. 그 이유는 캄필로박터균에 맞서고자 생성된 항체가 말초 신경에 있는 물질과 구조가 비슷하기 때문입니다. 면역계가 신경을 잘못 공격하는 것이죠.

2019년 페루에서는 200명이 넘는 길랭·바레 증후군 환자가 집단으로 발생하기도 했습니다. 당시 페루는 지카 바이러스 감염이 유행했던 터라 바이러스 감염에 의해 생성된 항체가 유력한 원인으로 여겨졌어요.

이처럼 면역 시스템은 생각보다 '자기'와 '타인'을 쉽게 구분하지 못합니다. 사실 우리 몸은 자연 속에서 만들어진 거나 다름없습니다. 그러니 다른 생명체와 유사한 부분이 이곳저곳 있다는 게 오히려 자연스럽다고 할 만합니다.

암과 면역의 깊은 관계

암세포 역시 면역으로 제거해야 할 '이물질'입니다. 앞서 말했듯이 암세포는 우리 몸속에서 끊임없이 생겨나고 있으며, 그때마다 면역에 의해 파괴되죠. 하지만 때로는 암이 이런 공격을 교묘하게 피해 증식하기도 합니다. 그 결과 몸 안에 커다란 암 덩어리가 생겨 주변 장기를 망가뜨리며 결국 생명을 앗아 가죠.

그렇다면 암은 어떻게 면역의 공격을 피하는 걸까요? 최근 연구에서는 그 원리 중 하나가 밝혀졌습니다. 암은 세포 표면의 PD-L1이라는 분자를 내세워 면역 세포(T세포) 표면에 있는 PD-1과 결합시킵니다. 이 결합이 브레이크 역할을 해서 T세포의 공격을 멈추죠. 쉽게 말해, 면역 세포가 암세포를 공격하려는 순간, PD-L1과 PD-1의 결합이 "공격하지 마!"라고 명령을 내리는 셈입니다.

2014년에 이러한 면역 회피 작용을 막기 위한 새로운 항암

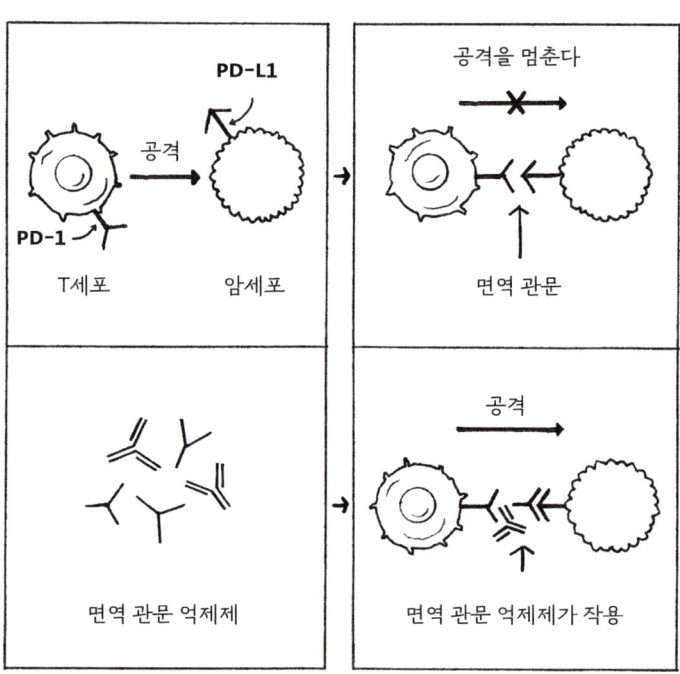

PD-L1

공격

PD-1

T세포　　　　암세포

공격을 멈춘다

면역 관문

면역 관문 억제제

공격

면역 관문 억제제가 작용

제가 등장했습니다. '니볼루맙'이라는 이름의 PD-1 면역 항암제로, 옵디보라는 상품명으로 나와 있죠. 이 약은 PD-1에 결합해서 암세포의 속임수를 방해함으로써 면역 세포가 다시 본래의 공격력을 회복하게 합니다. 이와 비슷한 작용을 하는 또 다른 분자 CTLA-4에 대응하는 억제제, '이필리무맙(상품명 여보이)'도 있습니다. 이런 종류의 약을 '면역 관문 억제제'라고 부릅니다.

사실 면역을 활용한 암 치료는 전부터 꾸준히 시도되었지만, 모두 효과가 입증되지 않아 치료법으로 사용되지 못했어요. 그런데 면역 관문 억제제는 기존의 화학 요법(항암제)으로는 효과가 미미했던 일부 암에 획기적인 효과를 발휘해서, 전 세계에 충격을 주었습니다.

기존에는 수술, 항암제, 방사선 치료가 암 치료의 '3대 요법'으로 여겨졌습니다. 그런데 면역 관문 억제제가 등장하고, '제4의 암 치료법'으로 인정받을 만큼 발전했죠. 이 원리를 밝힌 일본의 혼조 다스쿠와 미국의 제임스 앨리슨은 2018년 노벨 생리·의학상을 공동 수상했습니다.

하지만 안타깝게도 이 면역 관문 억제제에는 특이한 부작용이 있습니다. 갑상샘 기능 저하증과 1형 당뇨병, 근육 염증,

간질성 폐렴과 같은 자가 면역 질환과 비슷한 증상이 나타날 수 있다는 겁니다. 면역에 걸려 있던 브레이크를 해제하면서, 역설적으로 자기 몸을 공격하는 일이 생길 수 있거든요.

의학을 공부하다 보면 몸의 어떤 기능을 강화할 경우 반드시 그에 따른 약점이나 빈틈이 생긴다는 사실을 깊이 깨닫게 됩니다. 아무리 효과가 뛰어난 약이라도, 반드시 부작용은 존재합니다. 결국 '건강'이라는 상태는 외줄 타기 곡예사처럼, 아슬아슬한 균형을 맞추며 유지됩니다.

유전자의
비밀을 풀다

유전되는 암

2013년, 할리우드 배우 앤젤리나 졸리는 유방암 예방을 위해 양쪽 유방을 절제하는 수술을 받았다고 발표했습니다. 그리고 2년 뒤에는 난소암을 예방하기 위해 난소를 제거하는 수술도 받았죠. 수술을 받을 당시에는 유방암이나 난소암이 생기지 않았지만, 암이 생길 위험이 크다고 판단되어 한 선택이었습니다.

그렇다면 어떻게 '암에 걸릴 위험이 높다'는 사실을 알았을까요? 유전자 검사에서 '유전성 유방암-난소암 증후군

(Hereditary Breast and Ovarian Cancer Syndrome, HBOC)'을 지니고 있다고 나왔기 때문입니다. 주로 BRCA라는 유전자에 변이가 생겨서 세포가 암으로 변할 가능성이 높아지는 질환입니다.

BRCA 유전자는 BRCA1과 BRCA2 두 종류가 있는데, 이 두 유전자에 변이가 있는 경우 70세 이내에 유방암에 걸릴 확률이 각각 57퍼센트와 40퍼센트, 난소암에 걸릴 확률은 각각 40퍼센트와 18퍼센트로 상당히 높습니다. 또한 발병 시기가 다른 사람들보다 이르고, 양쪽 유방에 모두 생기는 경우가 전체의 30퍼센트에 이릅니다.

이 변이 유전자는 일정 확률로 자녀에게 대물림됩니다. 따라서 유전성 유방암-난소암 증후군은 '유전되는 암' 가운데 하나예요.

그 밖에도 비슷한 유형의 질병은 더 있습니다. '가족성 샘종 폴립증(Familial Adenomatous Polyposis)'은 60세 이내에 거의 100퍼센트 확률로 대장암에 걸리는 무서운 유전 질환입니다. APC라는 유전자에 변이가 생겨 대장 점막 세포가 암으로 바뀌기 쉬워지며, 대장암 예방을 위해 20대까지 대장을 절제하는 수술이 권장됩니다.

또 '린치 증후군(Lynch syndrome)'은 대장암, 자궁암, 난소암, 위암 등 여러 암에 걸릴 가능성이 높은 유전 질환입니다. DNA 복제 시 생기는 손상을 고치는 일(불일치 복구, Mismatch repair)을 맡은 유전자들에 변이가 생겨 온몸의 다양한 세포가 암으로 변하기 쉽거든요.

오해하기 쉽지만, 이러한 유전성 암은 흔히 말하는 '암 가족력'과는 다릅니다. 가족 중에 암 환자가 많다고 해서 반드시 특정 유전자가 원인인 유전성 암이라고 단정할 수는 없어요. 요즘은 '둘 중 한 명은 암에 걸린다'고 할 정도로 암 환자가 많은 시대이고, 가족 구성원들이 비슷한 생활 습관을 가지고 있을 경우 여럿이 암에 걸리게 되기도 하죠.

따라서 가족력으로 인해 유전성 암이 의심되는 경우에만 엄격한 기준에 따라 유전자 검사를 시행하는 게 일반적입니다. 유전성 암에 대한 검사는 본인뿐 아니라 혈연관계에 있는 가족의 심리적 부담, 결혼이나 취업 등 삶 전반에도 영향을 미칠 수 있어 충분한 상담을 거쳐 신중하게 결정하는 편입니다.

우리 몸의 설계도와 유전자

우리 몸은 수정란이라는 단 하나의 세포에서 시작되었습니다. 현재 여러분의 몸을 이루고 있는 모든 세포는 이 수정란이 분열해 생긴 결과입니다. 각 세포 안에는 몸을 구성하는 설계도가 들어 있습니다. 인간의 설계도는 DNA(데옥시리보 핵산)라는 화학 물질로 이루어져 있는데, 이 물질이 암호처럼 정보를 저장하고 있습니다.

잠시 여러분의 몸을 살펴볼까요? 도무지 하나의 세포에서 비롯되었다고는 믿기 힘들 정도로 신체 부위가 저마다 다르게 생겼을 겁니다. 눈, 코, 입, 손발, 장, 폐와 심장 등 부위마다 생김새도, 기능도 너무나 다르죠. 이런 차이 때문에 많은 분들이 '눈 세포에는 눈 설계도가, 위 세포에는 위 설계도가 있을 거야.'라고 생각하지만, 사실은 그렇지 않습니다. 우리 몸을 이루는 대부분의 세포는 똑같은 유전 정보를 갖고 있습니다.*

그렇다면 어떻게 서로 다른 장기가 만들어질까요? 그건 각각의 세포가 '설계도의 어떤 부분을 참고하는지'가 다르기 때문이에요. 간단히 설명해 보자면, 사전처럼 두꺼운 설계도에서 '대장은 3장과 30장, 300장만 참고하기'와 같은 규칙이 정해져 있는 거죠. 여기서 각 장이 각종 '유전자'입니다.

우리 인간은 2만 2000장 정도의 유전자를 지니고 있어요.

---

* 적혈구와 혈소판은 핵이 없어서 유전자 정보가 없습니다. 또 정자와 난자는 각각 다음 세대에 물려주는 절반의 유전자 정보만 지녀서 예외입니다.

엄밀히 말하면 장으로 구분된 2만 2000개의 유전자는 설계도 전체에서 몇 퍼센트만 차지하고, 나머지는 '머리말'이나 '맺음말', '색인' 같은 보조적인 내용(혹은 사용되지 않는 내용)입니다.

이야기가 조금 복잡해졌지만, 중요한 사실은 모든 세포가 같은 설계도, 같은 유전자를 지녔다는 겁니다. 각 세포가 자신의 위치에 따라 필요한 유전자만 작동시키고, 불필요한 유전자는 작동시키지 않는다는 것도요. 세포 내에서 유전자는 고도로 제어됩니다. 그 많은 유전자 각각이 따로 스위치를 켜거나 꺼서 따로따로 작동할 수 있거든요.

부모에게 물려받는 유전자 변이

우리가 가진 모든 유전자는 부모에게 물려받은 것입니다. 앞서 말한 유전성 암은 특정한 변이가 있는 유전자를 부모에게 물려받음으로써 발생하죠. 다시 말해 유전자 변이는 수정란 시점에서 이미 존재하며, 필연적으로 온몸의 세포가 같은 변이 유전자를 보유하게 됩니다. 이러한 변이를 '생식 세포 돌연변이'라 부릅니다.

한편, 유전성이 아닌 암을 떼어 내서 유전자를 검사해도 역시 특유의(발암성) 유전자 변이를 발견할 수 있습니다. 이는 일부 세포에서만 변이가 일어난 것이라 몸 전체에 같은 변이가 있는 건 아니에요. 이러한 경우는 '체세포 돌연변이'라고 부릅니다.

'생식 세포 돌연변이'는 지니고 태어나는 유전자 변이, '체세포 돌연변이'는 인생의 특정 시기에 후천적으로 생긴 변이입니다. 세상의 암 대다수는 후자이고, 전자는 빈도가 낮아요. 그만큼 유전성 암은 비교적 드문 질병입니다.

DNA라는 암호문

DNA는 커다란 산성 화학 물질로, 세포의 핵 속에 저장되어 있습니다. 그래서 '핵산'이라 부르죠. DNA는 끈처럼 가늘고 길쭉하며 '염기'라는 작은 단위가 반복되는 구조로 이루어져 있어요. 이 염기는 네 가지 유형으로, 각각의 이름은 아데닌(A), 구아닌(G), 사이토신(C), 티민(T)입니다. 이 네 종류의 물질이 다채로운 순서로 이어져 DNA가 되는 거예요.

이렇게 설명해도 이해가 가지 않아 고개를 갸웃거릴 수 있어요. 자, 그렇다면 기차를 한 대 상상해 봅시다. 이 기차에는 수만 대의 차량이 연결되어 있고, 차량은 식당칸, 침대칸, 승객칸, 화물칸 네 종류가 있습니다. 이 칸들의 배열은 다양합니다. 어떤 곳은 차례로 연결되기도 하고, 어떤 곳은 침대칸만 5대 연속으로 이어져 있기도 해요. 어떤 순서로 연결되는지에 따라 열차의 성격이 달라지듯, DNA 역시 AGCT라는 네 가지 염기의 배열에 따라 다양한 정보를 담고 있습니다.

이 기차를 우리 인간의 DNA라고 치면, 차량은 총 60억 대에 이릅니다. 놀랍게도 DNA의 염기 배열 순서는 암호화되어 있고, 이 정보를 바탕으로 단백질이 만들어집니다. 단백질은 효소 작용을 비롯해 온몸 곳곳에서 우리 생명 활동을 뒷받침하는 중요한 물질입니다.

좀 더 정확하게 말하자면, DNA는 직접 단백질을 만들지 않습니다. 먼저 DNA는 RNA라는 분자로 복사되고, 이 RNA가 설계도가 되어 단백질을 만드는 과정을 거칩니다. DNA에서 RNA로 복사되는 과정을 '전사', RNA를 통해 단백질을 만드는 과정을 '번역'이라고 부릅니다. 이 RNA는 흔히 '전령 RNA(messenger RNA, mRNA)'라고 부릅니다. DNA가 지닌 암호를 운반하기 때문이죠.

왜 DNA가 곧바로 단백질을 만들지 않고 이런 복잡한 과정을 거칠까요? 그 이유는 속 시원히 밝혀지지 않았습니다. 다만, 생명의 기원이 RNA라는 이론에 따르면 생물의 진화 과정에서 RNA와 단백질이 먼저 밀접한 관계를 맺었고, 나중에 DNA가 정보를 저장하는 역할을 맡게 되었을 가능성이 있다고 합니다.

RNA는 DNA와 달리 티민(T) 대신 유라실(U)이라는 염기를 사용합니다. RNA의 염기 서열은 세 글자씩 묶여 하나의 '코돈(codon)'를 만들고, 이 코돈이 각각의 아미노산을 지정합니다. 예를 들어 UGU와 UGC는 시스테인, UGG는 트립토판, UAU와 UAC는 티로신을 정하는 식이에요.

아미노산이 이어지면 다양한 단백질이 만들어집니다. 즉, 코돈 배열에 따라 아미노산이 연결되면 특정 단백질이 완성되는 구조입니다. 이렇게 만들어진 단백질이 우리 몸을 구성하고 기능을 수행하죠.

단백질을 만들기 위해서는 긴 RNA의 번역을 어디서 시작하고 끝내야 하는지도 알려 줘야 합니다. 이 또한 코돈에 의해 정해져요. 시작 코돈은 'AUG', 종결 코돈은 'UAA', 'UAG', 'UGA'예요. 시작 코돈은 메티오닌이라는 아미노산을 지정하기도 합니다. 다시 말해 번역은 메티오닌에서 시작됩니다. 이는 일부 예외를 제외하면 세균과 곰팡이 같은 미생물부터 식물, 곤충, 인류에까지 폭넓게 적용되는 공통 규칙입니다.

아미노산을 나타내는 코돈

U	C	A	G	
UUU 페닐알라닌 UUC	UCU UCC 세린	UAU 타이로신 UAC	UGU 시스테인 UGC	U C
UUA 류신 UUG	UCA UCG	UAA 종결 UAG	UGA 종결 UGG 트립토판	A G
CUU CUC 류신 CUA CUG	CCU CCC 프롤린 CCA CCG	CAU 히스티딘 CAC CAA 글루타민 CAG	CGU CGC 아르기닌 CGA CGG	U C A G
AUU AUC 아이소류신 AUA AUG 메티오닌/시작	ACU ACC 트레오닌 ACA ACG	AAU 아스파라긴 AAC AAA 라이신 AAG	AGU 세린 AGC AGA 아르기닌 AGG	U C A G
GUU GUC 발린 GUA GUG	GCU GCC 알라닌 GCA GCG	GAU 아스파트산 GAC GAA 글루탐산 GAG	GGU GGC 글라이신 GGA GGG	U C A G

그렇다면 왜 아미노산을 지정하는 코돈은 세 글자일까요? 두 글자나 네 글자라면 불편한 점이라도 있는 걸까요?

이 질문에는 아름답고 합리적인 답이 나와 있습니다. 아미노산은 전부 20종류가 있는데, 그 모든 아미노산을 아우를 수 있는 가장 적은 글자 수가 세 글자예요. 두 글자로 지정하면 네 가지 염기를 가지고 4의 2제곱인 16종류의 코드밖에 만들 수 없어서 모든 아미노산을 지정할 수 없어요. 네 글자라면 4의 4제곱인 256종류나 만들게 되어 효율이 떨어집니다. 세 글자라면 4의 3제곱인 64종류의 코드를 지정할 수 있어 모든 아미노산을 무리 없이 할당할 수 있죠.

끈처럼 생긴 DNA는 핵 안에 흐느적흐느적 떠 있지는 않습니다. 우선 두 가닥의 실이 이중 나선 구조를 만들고, 이것이 히스톤이라는 단백질에 감겨, 뉴클레오솜이라는 단위를 형성합니다. 그리고 뉴클레오솜이 이어져 염색질(크로마틴)이라는 지름이 30나노미터인 실타래를 만들죠. 이 실타래가 차곡차곡 겹치면서 염색체라는 구조를 만들어 핵 속에 저장합니다.

글로 설명하니 어렵게 느껴지지만, 그림을 보면 구조가 한눈에 들어올 거예요. DNA→뉴클레오솜→염색질→염색체 순서로 가느다란 실이 얽혀 털실을 만들 듯 얼키설키 짜인 구조

DNA가 쌓이는 과정

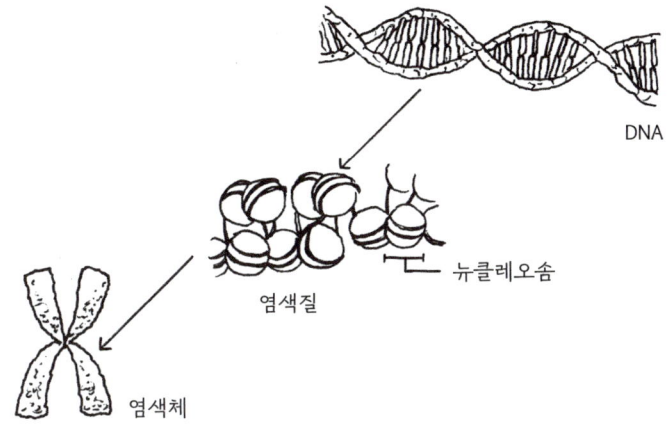

DNA

뉴클레오솜

염색질

염색체

입니다. 우리 몸은 46개의 염색체를 가지고 있으며, 유전자는
이 염색체들에 나뉘어 담겨 있습니다.

염색체는 아버지로부터 23개, 어머니로부터 23개를 물려
받아 총 46개를 이루는데, 이 두 세트가 서로 짝을 이룹니다.
그리고 자신의 자식에게도 지니고 있던 염색체의 절반을 그대
로 물려주게 되어 있죠. 생물학적인 남녀의 차이는 이 중 '성
염색체'에서 결정됩니다. 남성은 X염색체와 Y염색체를, 여성
은 X염색체 두 개를 가지고 있어요. 아버지의 XY 중 하나, 어

머니의 XX 중 하나를 물려받아 XY 또는 XX의 조합이 되죠. 이 단순한 원리에 따라 남성과 여성의 출생 확률이 비슷하게 나타납니다.

참고로 염색체의 수가 하나 더 늘어 총 47개가 되는 경우에 생기는 병이 몇 가지 있습니다. 이를 아울러 '세염색체증(trisomy)'이라고 부릅니다. 대표적으로 21번 염색체가 하나 더 많은 '다운 증후군(Down syndrome, trisomy 21)'이 있습니다. 이 외에도 13번 염색체가 하나 더 많은 '파타우 증후군(Patau syndrome, trisomy 13)', 18번 염색체가 추가된 '에드워드 증후군(Edwards syndrome, trisomy 18)'이 알려져 있습니다. 주로 부모의 생식 세포에서 염색체가 정확히 절반으로 나누어지지 않고 자녀에게 24개가 전달되면서 발생합니다.

세염색체증 외에도 '염색체 이상'은 어느 염색체에서나 생길 수 있지만, 모두 질병으로 이어지지는 않습니다. 많은 경우 태아 때 자연 유산되기 때문에 '병'으로 정의되지 않거든요. 실제로 모든 임신의 약 70~80퍼센트가 주로 염색체 이상으로 인해 자각 증상 없이 유산으로 끝난다는 보고도 있습니다. 건강하게 아이가 태어나는 것 자체가 기적 같은 일인 거예요.

인간이 지닌 46개의 염색체

부

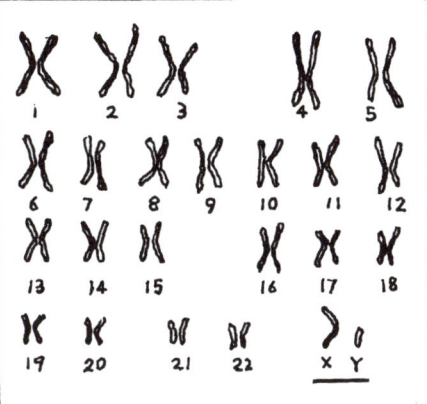

모

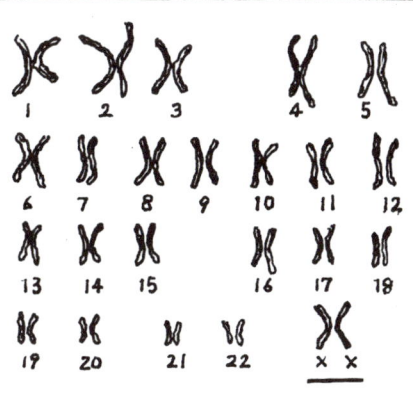

유전자라는 개념을 발견한 위인들

자식이 부모의 외모나 체격을 닮는다는 사실은 고대부터 상식이었습니다. 하지만 예전에는 아버지와 어머니의 특징이 골고루 섞여 자녀의 특징을 형성한다고 생각했어요. 쉽게 말해 파랑과 빨강 물감을 섞으면 보라색이 나오듯, 균등하게 혼합된 새로운 특징이 탄생한다는 사고방식이 퍼져 있었죠.

1866년, 오스트리아의 수도사였던 그레고어 멘델은 수도원 정원에서 3만 그루에 가까운 완두콩을 교배하여 세계 최초로 유전학의 진리를 밝혀냈습니다. 완두콩 씨앗의 모양, 꽃의 색깔, 줄기의 길이… 부모가 가진 각각의 특징이 아래 세대에 계승될 때 부모들의 중간값으로 나오지 않고, 마치 어떤 '입자'와 같이 명확한 단위로 전달된다는 것이었습니다. 이 입자의 조합에 의해 완두콩의 특징이 결정되고, 그 유전에는 수학적인 법칙이 존재했습니다. 훗날 '멘델의 법칙'이라 불리는 과학사에 남을 중대한 발견이었습니다.

그레고어 멘델

그러나 당시 학계에서는 멘델의 연구를 이해하지 못했고, 오히려 무시했습니다. 1884년, 멘델은 그 업적을 인정받지 못한 채 세상을 떠났습니다. 멘델이 존재한다고 굳게 믿었던 '입자'는 후에 '유전자'라고 불리게 됩니다.

이윽고 1900년에 세 명의 식물학자, 네덜란드의 휘호 더프리스, 독일의 카를 코렌스, 오스트리아의 에리히 체르마크는 각자 독립적으로 유전 현상에 관한 중요한 법칙을 발표했습니다. 그런데 이 법칙은 이미 반세기 전에 멘델이 발견해 학계에 보고한 이론이었죠. 역사에 묻힌 멘델의 법칙이 재발견된 것입니다.

그렇다면 유전자는 실제로 우리 몸에 어떤 형태로 존재하는 걸까요? 이 물음은 1915년까지 풀리지 않았습니다. 의문을 풀은 건 미국의 생리학자, 토머스 모건이었습니다. 그는 초파리를 이용한 실험으로 염색체를 발견하고, 그것이 유전 정보를 운반하는 물질이라는 사실을 밝혔습니다. 이 업적으로 1933년에 노벨 생리·의학상을 받았죠.

염색체가 단백질과 DNA로 이루어졌다는 사실은 1920년대에 증명되었습니다. 그러나 당시에는 아직 DNA 구조를 전혀 해독하지 못했어요.

제임스 왓슨

1953년, 영국 케임브리지 대학교의 과학자 제임스 왓슨과 프랜시스 크릭은 물리학자인 모리스 월킨스와 화학자 로절린드 프랭클린이 촬영한 X선 사진을 참조해, DNA가 이중 나선 구조임을 밝혀냈습니다. 1961년, 미국 국립 보건원의 연구팀은 페닐알라닌을 지정하는 코돈이 'UUU'라는 사실을 최초로 발견했습니다. 이를 계기로 모든 코돈과 아미노산의 관계가 모조리 해명되었죠. 인류는 생명체에 새겨진 암호를 해독한 최초의 존재가 되었습니다.

프랜시스 크릭

1962년에 왓슨과 크릭, 월킨스는 DNA 구조를 해독한 공로를 인정받아 노벨 생리·의학상을 받았습니다. 1968년에는 유전 암호와 단백질 합성 구조를 해독한 업

적을 인정받아 미국의 생화학자인 마셜 니런버그, 로버트 홀리, 하르 고빈드 코라나 세 사람이 노벨 생리·의학상을 받았죠. 지금껏 이야기한 일련의 발견은 모두 20세기 이후 불과 몇십 년 안에 이루어진 것입니다.

모리스 윌킨스

'자식은 부모를 닮는다'는 사실은 물리적, 화학적으로 설명 가능한 현상이었습니다. 이 원리에 초자연적 작용은 전혀 개입하지 않습니다. 그저 아름답고 정연한 과학만이 존재할 따름입니다.

작은 세계에서 일어나는 '진화'

다윈의 무시무시한 혜안

기린은 왜 목이 길까요? 한때는 높은 곳에 있는 잎을 먹으려고 목을 늘리다가 길어졌다고 믿기도 했지만, 진화 과정에서 열심히 목을 늘리다가 보니 점차 목이 길어졌다고 주장하는 '용불용설'은 현재 폐기된 이론입니다.

매일 혹독한 근력 운동으로 근육질이 된다고 해서 근육질 자식이 태어나지는 않습니다. 성형 수술로 코를 높인다고 코가 높은 자식이 태어나지도 않죠. 자녀에게는 원칙적으로 DNA에 적힌 유전 정보만 전달됩니다.* 그러나 이런 설명이

가능해진 건 유전학이 발전
한 20세기 이후의 일입니다.
1859년 영국의 지질학자 찰
스 다윈은 세계 최초로 '자연
선택설'을 주장했습니다. 생
존 경쟁의 결과로 환경에 가장
잘 적응한 종이 살아남고, 적
응하지 못한 종은 도태된다는
이론입니다.

찰스 다윈

　말하자면 기린의 목은 '목적'이 있어서 길어진 게 아니라,
완전히 우연으로 탄생했다는 겁니다. 목이 약간 긴 기린이 다
른 기린에 비해 생존에 유리했기에 살아남을 확률이 조금 더
높았던 거죠. 목이 길수록 낮은 위치의 이파리를 두고 다른 동
물과 먹이 경쟁을 벌일 위험이 줄어드니까요. 기나긴 세월에
걸쳐 목이 더 긴 유전자가 보존되었고, 목이 짧은 유전자는 차
츰차츰 도태되었습니다. 환경에 더 잘 적응할 수 있는 특징이

---

* 최근 환경 인자가 유전 인자에 영향을 주어, 다음 세대로 대물림되는 현상이 존재한
다는 사실이 밝혀졌습니다. 이를 '후성 유전학'이라 부릅니다. 한정적이지만, 생후 획
득한 성질은 자손에게 전달되지 않는다는 설명이 항상 타당하지는 않다는 사실이 밝
혀졌어요.

'자연에 선택받았다'는 주장입니다.(참고로 '기린의 목'은 자연 선택을 설명할 때 자주 등장하는데, 어디까지나 다윈의 이론을 이해하기 쉽게 돕는 예시입니다. 실제로 특정 유전자가 이러한 현상을 일으켰다는 사실이 판명되지는 않았어요.)

현대를 사는 우리는 다윈의 시대를 앞선 놀라운 통찰을 어떻게 바라볼 수 있을까요? 정신이 아득해질 정도로 긴 진화 과정을 선명하게 상상하기는 어렵습니다. 우리는 길어 봤자 80년 정도 사는 존재니까요. 더군다나 다음 세대를 낳는 데 연 단위의 시간이 필요한 동물이 '진화'의 작용을 체감하기는 불가능합니다.

그런데 놀랍게도 우리 몸속에는 분 단위로 다음 세대를 낳고, 우리가 관측 가능한 범위에서 진화를 이룩하는 생물이 존재합니다. 바로 세균입니다.

대장균은 20분에 약 두 배로 늘어나고, 2시간이면 64배가 됩니다. 이 속도로 증식하면 하루에 스물두 자릿수라는 믿기지 않는 수로 불어나죠. 인류가 항생제를 남용하며 다양한 내성균이 탄생했는데, 이 균들은 항생제에서 살아남겠다는 '목적'으로 진화한 결과가 아닙니다. 우연한 유전자 변화로 항생제에 내성을 획득한 세균이 자연 선택된 것이죠.

암에도 같은 논리를 적용할 수 있습니다. 암은 항암제를 쓰면 일시적으로 작아지는데, 완전히 사라지는 사례는 드물어요. 어느 순간 항암제가 듣지 않고, 암이 다시 증식해서 전이되거든요. 이때 무슨 일이 일어나고 있을까요?

유전자 수준으로 암을 분석하면 놀라운 사실을 알아낼 수 있습니다. 특정 항암제를 회피하는 구조를 터득해 내성을 획득한 암세포로 대체되고 있는 것이죠. 우연히 태어난 내성 세포는 항암제에 의해 자연 선택되어 다수파의 자리를 차지합니다. 그 내성 메커니즘은 혀를 내두를 정도로 다양하고 소름 끼칠 정도로 교활합니다.

내성의 원리를 파헤치고, 그 부분을 표적으로 작용하는 항암제를 개발하면 다시금 그에 내성을 지닌 암세포가 등장합니다. 최근 암 치료는 놀라울 정도로 발전해 따라가기 벅찰 정도로 항암제 구색이 다양하지만, 암에 맞서 온 항암 치료의 역사는 모래성을 무너뜨리는 파도와 모래성을 쌓는 인간의 모습과도 같습니다.

이처럼 미시 세계를 엿보면 자연 선택의 현장을 그야말로 생생하게 관찰할 수 있습니다. 어마어마한 속도로 다음 세계를 낳는 생물은 매우 짧은 기간에 진화 과정을 겪습니다.

병이 '유리'해지는 순간

'낫 적혈구 빈혈'이라는 유전병이 있습니다. 특정 유전자 변이로 인해 원뿔형이어야 할 적혈구가 낫 모양으로 변하는 병이에요.

적혈구 성분인 헤모글로빈은 사슬처럼 가늘고 긴 두 종류의 물질이 서로 얽힌 구조로 되어 있습니다. 이 사슬 각각을 α사슬과 β사슬이라 불러요.

낫 적혈구 빈혈은 β사슬을 구성하는 146개의 아미노산 중 여섯 번째를 지정하는 코돈이 'GAG'에서 'GTG'로 바뀌어 유전자 변이가 일어납니다. 그 결과, 글루탐산이 발린으로 치환되죠.(이 유전자는 11번 염색체에 있습니다.) 코돈은 앞에서 설명한 대로 아미노산을 지정하는 코드입니다. 글루탐산과 발린 모두 우리가 먹는 음식에 많이 들어 있는 영양소지만, 각각의 성질과 구조는 딴판입니다. 그래서 이 아미노산 하나만 바뀌어도 헤모글로빈이 이상을 일으켜 적혈구 모양이 변하고 마는 것이죠.

낫 또는 초승달처럼 변한 적혈구는 파괴되기가 쉬워서 때때로 중증 빈혈을 일으킵니다. 또 모세 혈관을 막아서 장기에 이런저런 문제를 일으키죠. 그러나 부모에게 물려받은 유전자는 부계와 모계가 세트이기 때문에, 한쪽 유전자라도 정상이면 이러한 증상이 일어날 가능성은 낮습니다.(이 상태를 '이종 접합'이라 부릅니다.) 그러나, 만일 양쪽 모두에게 변이 유전자를 물려받으면 (이 상태를 '동종 접합'이라 부릅니다.) 정상적인 헤모글로빈을 만들지 못해 심각한 증상을 일으킬 수 있어요.

신기하게도 이 유전자 변이를 가진 사람의 분포는 지리적으로 특정 지역에 몰려 있습니다. 아프리카에 매우 많고, 아프리카계 흑인의 약 30퍼센트가 이 변이 유전자를 보유하죠. 생존에 불리한 유전자가 어째서 이렇게 높은 확률로 보존되었을까요?

그 이유는 말라리아의 유행에서 찾을 수 있습니다. 말라리아는 말라리아 원충이 일으키는 감염병으로, 학질모기라고도 부르는 말라리아모기를 매개로 감염됩니다. 말라리아 원충은 인간 몸에 들어가면 적혈구에 기생해서 성장하며 고열과 설사 같은 증상을 일으켜요. 그중에서도 '열대열 말라리아'로 불리는 유형은 특히 증상이 심해 뇌와 콩팥을 공격하고 적절한 치료를 받지 못하면 사망에 이르게 합니다.

그런데 낫 적혈구 빈혈에 걸리면 이상 적혈구가 파괴되기 쉽다 보니 말라리아 원충이 침입해도 증식하지 못합니다. 낫 적혈구 빈혈 환자는 말라리아에 잘 걸리지 않는다는 점에서 말라리아 유행 지역에서는 '유전자 이상 없이 건강한 사람'보다 생존에 유리한 것이죠.

이렇게 말라리아 유행 지역에서는 변이 유전자를 가진 사람이 생존에 유리해지며, 이 변이가 높은 빈도로 보존됩니다. 환경이 유전자를 자연 선택한 아주 좋은 예시입니다.

제 3 장

대발견의
의학사

모든 세포는 세포에서 비롯된다.

루돌프 피르호 (의사, 병리학자)

의학의 기원

아스클레피오스의 지팡이

혹시 세계보건기구(WHO)의 로고를 본 적이 있나요? 국제연합(UN)의 상징 한가운데 뱀이 지팡이를 휘감고 있는 모습이 그려져 있죠. 이 지팡이는 '아스클레피오스의 지팡이'로, 고대부터 전 세계에서 널리 사용된 의학을 상징하는 마크입니다.

아스클레피오스는 그리스 신화에 등장하는 명의입니다. 기원전 5세기 무렵, 고대 그리스에서는 아스클레피오스 신전이 병자를 치료하는 시설로 쓰였어요. 지금 우리가 누리는 의학의 기원은 고대 그리스에서 찾을 수 있습니다. 그리고 그 시

대에 그리스에서 태어나 지금도 '의학의 아버지'로 존경받는 가장 유명한 의사가 바로 히포크라테스입니다.

히포크라테스와 그의 제자들이 쓴 〈히포크라테스 전집〉은 60권이 넘는 자료로 이루어진 의학서입니다. 그중에서도 의사의 마음가짐과 비밀 유지 의무, 의사 윤리를 설파한 '히포크라테스 선서'는 지금도 의대 교육에서 매우 중요하게 다뤄집니다. 2000년 전에 만들어진 자료가 아직도 의학 교육에 교재로 사용되는 셈입니다.

물론 히포크라테스의 업적은 이게 다가 아닙니다. 당시 많은 사람이 '질병은 신이 내리는 벌'이라고 여겼습니다. 그래서 천벌을 마법적인 방식으로 치료하려 했지만, 히포크라테스는 환자를 꼼꼼하게 관찰하는 과정이 얼마나

히포크라테스

중요한지를 주장했습니다. 환자의 맥박과 호흡, 피부 상태, 소변과 대변 같은 수많은 정보를 부지런히 살피고 기록해서 질병 사례집을 정리했죠.

당시 치료는 식사와 입욕, 운동 같은 생활 습관을 개선하고 약초를 이용하는 방식이었습니다. 후대 의사들은 이러한 기록을 참조해 치료에 활용할 수 있었어요. 히포크라테스는 그야말로 세계에서 가장 오래된 의료 데이터베이스를 만든 것입니다.

히포크라테스는 사람의 몸에 네 가지 종류의 '체액'이 있고, 이 체액의 균형이 흐트러지면 질병이 발생한다고 믿었습니다. 각각 혈액, 황담즙, 흑담즙, 점액이라고 불렀고, 이 체액

들이 고유한 기능을 발휘한다고 여겼습니다. 그런데 이 이론은 허구에 불과합니다. 현재 황담즙과 흑담즙은 용어도 존재하지 않아요. 그러나 이 '사체액설'은 그 후 무려 2000년 가까이 올바른 학설로 받아들여졌어요.

예를 들어 우울증은 예전에 '멜랑콜리아(melancholia)'라고 불렀는데, 그리스어 '검다(melas)'와 '간담즙(khole)'을 합쳐서 만든 말입니다. 흑담즙이 원인이 되어 생기는 병이라고 믿었기 때문이죠. 또 '류머티즘(rheumatism)'은 그리스어 '흐르다(rheuma)'가 어원인데, 체액의 흐름이 정체되어 관절 등에 부기가 생긴다고 믿었던 흔적이죠.

19세기 무렵까지 널리 행해진 사혈 치료도 사체액설에 기반한 요법입니다. 사혈이란 피를 뽑는 치료로, 남아도는 혈액을 몸 밖으로 배출해 체액의 균형을 개선하면 갖가지 질병이 낫는다고 믿었죠.

의학의 역사에서 사혈은 오랜 세월 인기 있던 치료법입니다. 정맥을 칼로 절개해서 피를 내거나, 흡혈 생물인 거머리를 몸에 붙여 환자의 피를 빨아내도록 하는 치료가 일상적으로 이루어졌죠. 19세기에 들어선 뒤에도 의사들은 환자의 피를 뽑기 위해 거머리를 담은 항아리를 준비해 둘 정도였습니다.

'거머리'는 영어로 'leech'라고 하는데 놀랍게도 '의사'라는 뜻으로도 쓰였습니다. 거머리가 의사 자체를 나타내는 속어로 사용될 정도로, 서구권에서는 거머리를 활용한 사혈 치료의 역사가 깁니다.

의사의 군주, 갈레노스

히포크라테스 이후로 서양 의학에 가장 큰 영향을 미친 인물은 2세기 무렵 고대 로마에서 활약한 클라우디오스 갈레노스입니다. 갈레노스는 히포크라테스의 가르침을 한 단계 더 발전시켜 옛 문헌을 수집하고 방대한 이론을 구축해 '의사의 군주'로 불렸어요.

종교적인 이유로 인체 해부를 금지하던 당시에 갈레노스는 원숭이와 돼지 같은 동물을 여러 차례 해부해 경험을 쌓고 지식을 얻었습니다. 척수를 다양한 부분에서 절단해서 신경의 기능을 조사하거나, 콩팥과 방광을 연결하는 관(요관)을 묶어서 소변이 콩팥에서 만들어진다는 사실을 증명하는 등 다양한 지식을 얻어 냈죠. 또 갈레노스는 사체액의 균형을 바로잡는 사혈을 매우 중요하게 여겼고, 약초와 배변 활동을 촉진하는 완하제, 수술 등 여러 치료법을 집대성했습니다.

갈레노스

갈레노스가 쓴 책은 총 500만~1000만 단어 분량이라고 알려졌고, 그의 학설은 기독교 교리와 합쳐지며 감히 범접할 수 없는 신성한 이론으로 자리매김합니다. 동물 해부에 기반한 갈레노스의 이론에는 이런저런 오류도 있었지만, 그의 엄청난 권위에 그 누구도 이의를 제기할 수 없었어요. 때로 갈레노스가 의학의 발전을 1000년 넘게 퇴보시킨 인물로 비판받기도 하는 이유입니다.

베살리우스의 혁명적인 위업

고대 로마 시대부터 오랫동안 금지된 인체 해부는 르네상스 시대에 제한적으로 허용되기 시작했습니다. 그러나 이 시기 인체 해부는 갈레노스의 이론을 입증하는 형태로만 이루어졌어요. 갈레노스의 이론과 맞아떨어지지 않는 현상이 관찰되더라도 갈레노스가 옳지, 관찰한 사람이나 해부 대상이 된 인체는 '그르다'고 여길 정도였습니다.

이러한 시대에 해부학을 크게 발전시킨 인물이 16세기의 의사 안드레아스 베살리우스였습니다. 베살리우스는 정확한 해부학 지식을 얻기를 갈망했어요. 뭔가에 홀린 듯 묘지와 교수형이 집행된 처형장을 돌아다니며 엄청난 수의 시신을 모아 자기 손으로 해부했죠.

베살리우스는 몸소 인체를 해부한 경험을 바탕으로 700쪽 정도 되는 해부학 대작《인체 구조에 대하여》를 완성했고, 인쇄 기술의 발전이 한몫 거들어 그의 책은 삽시간에 유럽 전역으로 퍼져 나갔습니다.

베살리우스는 권위 있는 고전을 파고들기보다 사람의 몸 자체를 관찰하고 경험하는 방식을 중시했습니다. 현상을 있는 그대로 파악한다는 과학의 가장 기본적인 자세를 '인체'에 적용했죠.

혈액은 순환한다

하비의 실험

우리는 혈액이 순환한다는 사실을 당연히 알고 있습니다. 분수의 물줄기가 끊이지 않듯, 혈액도 우리 몸속을 끊임없이 흐른다는 건 상식이니까요. 하지만 얼핏 단순해 보이는 이 사실은 17세기까지 알려지지 않았습니다.

물론 히포크라테스도 동맥과 정맥이라는 두 혈관의 존재는 알고 있었습니다. 그러나 각 혈관이 다른 계통이며 정맥에는 혈액이 흐르고, 동맥에는 공기가 흐른다고 믿었죠. 시신을 해부했을 때 정맥에는 혈액이 가득 차 있지만, 동맥은 수축된

채로 대부분 비어 있었기 때문입니다.

갈레노스는 좀 더 복잡한 이론을 제시했습니다. 혈액은 간에서 만들어지고, 정맥을 통해 온몸으로 퍼지며, 썰물과 밀물처럼 들어왔다 빠지고, 각 장기에서 소비된다는 이론을 정립했죠. 또 동맥을 흐르는 혈액은 심장에서 만들어지는데, 공기 중의 생명 정기(프네우마)를 흡수하면 이 정기가 혈액과 섞여 온몸으로 분배되어 활력을 준다고 주장했습니다. 갈레노스의 이 이론은 그 후로 1000년 넘게 진실로 믿어졌어요.

전신 마취도 없거니와 초음파 검사나 엑스선 검사도 없던 시대에는 아무리 용한 의사라도 산 사람의 몸속을 들여다볼 도리가 없었습니다. 팔다리의 동맥 속에서 피가 역방향으로 흐르는 모습도, 심장으로 돌아온 혈액이 다시 내보내지는 모습도 관찰할 수 없었죠.

동물의 혈관을 절개하더라도 정맥 절개 부위에서는 서서히, 동맥 절개 부위에서는 분수처럼 피가 뿜어져 나오는 모습을 볼 뿐입니다. 이것으로 혈액의 흐름에 큰 차이가 있다는 사실을 깨닫기는 어려웠어요.

1620년대, 영국의 의사 윌리엄 하비는 그때까지 신봉되던 갈레노스의 이론에 의문을 느끼고 다양한 실험을 했습니다.

20년 넘게 60종류 이상의 동물을 해부하고, 심장과 혈관을 꼼꼼하게 관찰했죠.

하비는 심장이 한번 수축할 때 내보내는 혈액의 양을 측정하고, 거기에 심장 박동 수를 곱했습니다. 이 계산에 따르면 매일 245킬로그램의 혈액이 전신으로 공급됩니다. 일반적인 성인 남성 체중의 세 배가 넘는 어마어마한 양이죠. 도저히 우리 몸속에서 만들어 낼 수 있는 양이 아닙니다.

그렇다면 어떻게 이 많은 혈액을 내보낼 수 있을까요? 하비는 단 한 가지 답에 도달했습니다. 새로운 피로 그 양을 다 채우는 게 아니라, 만들어진 혈액이 몸 안을 순환한다는 것입니다. 1628년, 하비는 혈액 순환론을 발표하며 최초로 갈레노스의 이론을 부정했습니다.

하비는 이어서 혈액이 순환하는 이유가 열과 영양분을 전신에 분배하기 위해서라는 매우 정확한 고찰에 다다랐습니다. 그러나 아무리 애써도 '동맥과 정맥이 도대체 어떻게 이어져 있는지'는 알아내지 못했어요.

혈액이 순환한다면 심장을 나간 동맥과 심장으로 돌아오는 정맥은 어딘가에서 만나야 합니다. 안타깝게도 하비는 이 모습을 자기 눈으로 보지 못하고 세상을 떠났습니다. 동맥과

모세 혈관으로 연결된 동맥과 정맥

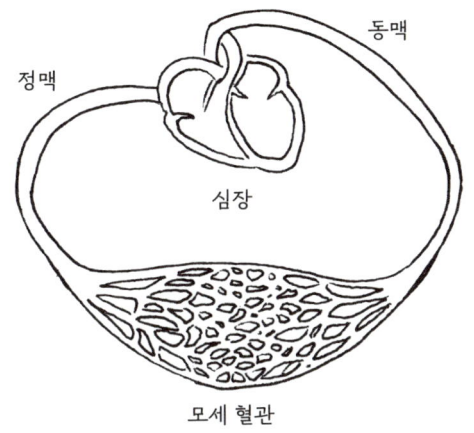

정맥을 이어 주는 모세 혈관은 육안으로 관찰할 수 없기 때문입니다.

의학 세계의 혁명

하비가 세상을 떠난 후 4년이 지난 1661년, 이탈리아의 의사 마르첼로 말피기는 현미경을 사용해 모세 혈관을 발견했습니다. 동맥과 정맥은 직접 연결되지 않았습니다. 우리 몸의 각 장기에서 맨눈으로는 보이지 않을 정도로 가느다란 모세 혈관이 가지 치듯 뻗어 나와서, 산소와 이산화 탄소를 교환한 다음 정맥에 수렴되었던 것이죠. 현미경이 발명되면서 최초로 밝혀진 진실이었습니다.

모세 혈관 발견을 시작으로 현미경은 의학의 세계에 커다란 혁명을 일으켰습니다. 특히 이 세상에 '눈에 보이지 않는 생물'이 존재한다는 사실을 밝힌 점이 중요합니다. 인류의 최대 위협이었던 감염병의 비밀이 마침내 서서히 드러나게 되었거든요.

현미경이 밝힌
감염병의 원인

현미경으로 드러난 세계

현미경이 발명된 16세기 후반까지 '사람의 눈에 보이지 않는 물질'은 존재하지 않았습니다. 세균과 바이러스, 기생충을 비롯한 미생물, 혈액 속 백혈구와 적혈구, 모세 혈관처럼 가는 혈관을 맨눈으로는 볼 수 없습니다. 그래서 이 모든 존재는 전혀 알려지지 않았죠.

영국의 과학자 로버트 훅은 직접 만든 현미경을 이용해 곤충과 식물 등을 자세하게 묘사하고, 1665년에 《마이크로그라피아》를 출간했습니다. 훅은 책에 코르크를 현미경으로 관찰하면 무수한 작은 구멍을 볼 수 있다고 적었죠. 훅의 눈에 코르크의 구멍들은 마치 수도승이 사는 소박한 참선방처럼 보였습니다. 그래서 이 구멍에 '작은 방'이라는 뜻으로 '셀(cell, 세포)'이라는 이름을 붙였습니다.

훅의 발견은 생물학에서 너무나도 중대한 일이었습니다. 훗날, 이 구멍들이 단순한 '방'이 아니라 생물을 구성하는 최소 '단위'라는 사실이 밝혀졌기 때문입니다.

그 후 생물학에 커다란 진보를 가져온 이는 뜻밖의 인물이었습니다. 바로 안토니 레이우엔훅이라는 네덜란드의 직물 상인입니다.

레이우엔훅은 옷감의 바느질 자국이나 직물의 실을 확인

안토니 레이우엔훅

하기 위해 확대경을 자주 사용했습니다. 그는 500개가 넘는 렌즈를 손수 제작할 정도로 렌즈에 무척 관심이 많았다고 해요. 그중에는 270배까지 확대할 수 있는 렌즈도 있었죠. 그 렌즈로 물방울을 관찰했을 때 레이우엔훅은 놀라운 세계를 목격합니다. 물 한 방울에 눈에 보이지 않던 '미소 동물'이 무수하게 있던 거예요. 레이우엔훅의 현미경은 인체로도 향했습니다. 맨눈으로는 보이지 않던 혈구와 정자를 관찰했고, 입속에서도 (나중에 '세균'이라 부르게 된) 미소 동물을 발견했죠. 모두 세계 최초의 일이었습니다.

그런데 이러한 미생물이 그저 '작은' 존재일 뿐 아니라, 당시 가장 많은 사람의 목숨을 앗아 갔던 '감염병의 원인'이라는 건 19세기 후반까지 알려지지 않았습니다. 어떤 질병이 사람들 사이에 널리 유행한다는 사실은 알았지만, 그것이 미생물의 소행임은 그 누구도 알지 못했죠.

질병 이론의 변화

18세기 이전에는 많은 과학자가 유행병의 원인을 '유독한 공기'라고 생각했어요. 부패한 물질에서 나온 유독한 기체가 다양한 질병을 일으킨다고 여겼죠. 이러한 생각을 장기설, 혹은 미아즈마 이론이라고 해요. 이때 '장기'와 '미아즈마' 모두 나쁜 공기라는 뜻입니다. 말라리아가 이탈리아어로 '나쁜 공기(mal aria)'인 것도 나쁜 공기설의 흔적이죠.

과거 몇 세기에 걸쳐 유럽과 아시아에서 대유행한 페스트

는 치사율 80퍼센트에 달하는 무서운 병이었습니다. 의사들은 본인이 감염될까 두려워 부리가 달린 기묘한 마스크를 쓰고 환자를 진료했습니다. 부리 부분에는 대량의 향료를 채워 넣었어요. 이 향료가 나쁜 공기로부터 몸을 지켜 준다고 믿었기 때문입니다. 물론 오늘날에는 페스트균이라는 세균이 원인이라는 걸 알고 있지만요.

미생물이 병의 원인이 된다는 사실은 19세기 후반에야 밝혀졌고, 항생제 개발은 20세기 이후에 이뤄졌습니다. 그 전에는 병의 근본 원인조차 알지 못했고 치료에 쓸 특효약도 없었어요.

현대를 사는 우리에게 세균과 바이러스는 병을 일으키는 위협적인 존재입니다. 그러나 18세기 이전 사람들에게 눈에 보이지 않는 생물이 몸 안으로 들어와 증식하고, 갖가지 병을 일으킨다는 사실은 도무지 믿기지 않았을 거예요.

그런 시대에 나쁜 공기설에 이의를 제기한 의사가 있었으니, 영국의 존 스노입니다. 1849년, 런던에서 콜레라가 대유행했을 때 스노는 콜레라의 원인을 자세하게 조사하겠다고 마음먹었습니다. 콜레라는 심한 설사와 구토를 일으키는 질병이에요. 요즘 말로 하면 '급성 위장염'이죠.

스노는 만약 공기가 원인이라면 폐에 증상이 나타나야 한다고 생각했습니다. 그러나 콜레라 증상은 위와 장에 생깁니다. 그래서 스노는 질병의 원인이 되는 무언가가 입으로 들어와서 위와 장에 이상을 일으킨다는 가설을 세웠습니다.

콜레라가 대변과 토사물을 매개로 퍼지는 세균 감염증이라는 사실은 그로부터 30여 년 후에야 밝혀집니다. 스노는 당시 병의 원인을 거의 정확하게 예견했어요. 그러나 나쁜 공기

설이 대세였던 시대에 그의 주장은 철저히 외면당했습니다.

1854년, 콜레라가 다시 유행했을 때 스노는 지도에 감염자가 발생한 장소를 상세하게 적어 넣었습니다. 그러다 감염자가 브로드 스트리트라는 거리 주변에 비정상적으로 밀집해 있다는 사실을 알아챘죠. 그 중심에는 주민들이 공동으로 쓰던 펌프가 있었습니다. 이 펌프로 쓰는 물이 병의 원인이라는 게 불 보듯 빤했습니다.

스노가 펌프 손잡이를 뽑아 물을 쓰지 못하도록 하자 감염자는 빠르게 줄어들었고, 콜레라 유행은 3일 만에 종식되었습니다. 후속 조사에서 콜레라균이 포함된 환자의 배설물이 지하수를 통해 브로드 스트리트의 우물로 새어 들어가 물을 오염시켰다는 게 밝혀졌죠.

그러나 콜레라의 원인이 물에 있다는 스노의 주장은 여전히 무시당했고, 콜레라는 잊을 만하면 유행해 사람들을 괴롭혔습니다. 하수 시설은 좀처럼 개선되지 않았고, 스노의 제안은 공공위생에 반영되지 않았어요. 의학계는 여전히 나쁜 공기설에 사로잡혀 있었습니다.

비슷한 사건은 유럽 대륙 한복판의 빈에서도 일어나고 있었습니다.

손 씻기의 효과를 알린 의사

현대인에게 손씻기는 너무나 당연한 생활 습관입니다. 먼지나 배설물로 손이 더러워졌을 때는 물론이고, 겉보기에 더러워 보이지 않더라도 우리는 손을 씻습니다. 왜일까요? 눈에 보이지 않더라도 미생물이 있을 수 있고, 그게 병의 원인이 될 수 있다는 걸 알기 때문입니다.

그러나 이러한 지식이 없던 18세기 이전에는 손 씻기가 상식으로 자리 잡혀 있지 않았어요. 손 씻기의 효과를 최초로 알린 사람은 헝가리의 산부인과 의사 이그나츠 제멜바이스였습니다.

19세기 초, 오스트리아 빈의 종합병원에서 일하던 제멜바이스는 산후 환자에게 생기는 산욕열이라는 병 때문에 고민을 앓았습니다. 지금이야 산욕열이 출산 시 질과 자궁에 세균이 들어가서 생기는 감염성 질환임을 알지만, 당시에는 이러한 지식이 없었거든요.

제멜바이스는 자신이 배정된 제1병동에서 산욕열이 생기는 비율이 제2병동보다 훨씬 높다는 사실을 알아차렸습니다. 이 두 병동의 출산 과정에는 큰 차이가 있었습니다. 제1병동 분만실에는 의사와 의대생이 들어갔고, 제2병동에는 조산사가 들어갔거든요.

의사와 의대생은 이따금 시신 해부를 했지만, 조산사는 해부하는 일이 없었습니다. 제멜바이스는 시신을 만져서 오염된 의사와 의대생의 손에 산욕열의 원인이 되는 '무언가'가 묻어 있다고 추론했습니다. 그래서 분만실에 들어가는 의료진은 손에 묻은 미지의 물질을 씻어 없애야 한다고 생각했죠.

1847년, 제멜바이스는 분만실에 들어가는 의료진에게 염소수를 활용한 소독액으로 손을 씻고 옷을 세탁해 입도록 지시했습니다. 그러자 놀랍게도 산욕열 사망률이 눈에 띄게 줄어들었죠. 이 연구 결과는 격렬한 논쟁을 불러일으켰고, 특히 산부인과 분야의 권위자들에게 무시와 비판을 받았습니다.

당시에는 나쁜 공기가 병을 일으킨다는 믿음이 일반적이었던 데다가 '의사가 병을 일으킨다'는 제멜바이스의 지적이 반감을 샀던 겁니다.

1849년에 빈을 떠난 제멜바이스는 산욕열의 원인과 예방에 관한 책을 남겼지만, 이번에도 학계의 인정을 받지 못했습니다. 결국 1865년에 그는 정신 질환에 걸려 정신 병원에 입원했고 마흔일곱 살의 젊은 나이로 세상을 떠났습니다.

당시 의사들은 더러운 옷을 입고 진료를 보는가 하면, 이 환자에게 썼던 기구를 저 환자에게 그대로 쓰는 일도 빈번했습니다. 오늘날의 기준으로는 말도 안 되게 불결한 상태로 태연하게 환자를 치료했죠. 제멜바이스의 이론은 매우 정확했으나, 시대는 그의 이론을 받아들이지 못했습니다. 제멜바이스의 업적은 수술 시 소독이 일반화된 1870년대에나 인정을 받습니다.

현미경은 눈에 보이지 않는 미시 세계를 처음으로 조명했습니다. 그러나 그 작은 세계에 병의 원인이 존재한다는 사실을 인류가 받아들이는 데에는 상당한 시간이 필요했어요. 불운하게도 세계 최초로 진실에 도달한 천재들의 말은 때때로 묵살되었고, 세상이 그들의 생각을 받아들일 때까지 수많은 생명을 잃어야 했습니다.

모든 세포는
세포에서 비롯된다

병리학자의 예리한 통찰

이 세상에 존재하는 모든 동물과 식물은 세포의 집합체입니다. 우리 몸도 세포가 모여 이루어져 있고, 그 수가 무려 수십조에 이른다고 알려져 있습니다.

세포가 생물을 구성하는 기본 단위라는 '세포설'은 19세기에 처음 세상에 나왔습니다. 1838년에 독일의 마티아스 슐라이덴이 식물의 세포에 관해, 그다음 해에 테오도어 슈반이 동물의 세포에 관해 학계에 보고했죠. 세포가 증식하고, 이들이 모여 다양한 조직을 만들고, 우리 몸을 형성합니다. 당시 과학자들에게 이 사실은 너무나 큰 충격이었어요.

세포가 인체의 구성단위라면 몸에 병이 생겼을 때 세포에 변화가 나타나야 하지 않을까요? 날카로운 혜안으로 이 사실을 증명해 낸 사람이 바로 독일의 병리학자 루돌프 피르호입니다.

오늘날 의료 현장에서는 세포를 현미경으로 관찰해 병을 진단하는 게 일상입니다. 병원에서 이 작업은 병리과 전문의가 담당하죠. 만약 여러분의 위에 종양이 생겼다면 내과 의사가 위내시경으로 그 조직의 일부를 떼어 내 병리과에 보내고 현미경으로 관찰해 위암인지 아닌지를 진단합니다. 결과가 나온 뒤 외과 의사가 수술로 종양을 떼어 내면, 병리과 전문의가 이를 얇게 펴서 현미경으로 관찰해 병의 원인을 분석하죠.

요즘 병원에서 흔하게 볼 수 있는 이러한 풍경도 과거 과학자들에게는 상상조차 할 수 없던 미래입니다. 그만큼 '세포의 병적인 변화'로 병을 설명한 피르호의 이론은 매우

루돌프 피르호

참신했어요.

당시 '혈액 화농증'이라 불리던 원인 불명의 병이 있었습니다. 일단 발병하면 순식간에 목숨을 잃는 무서운 이 병은 현미경을 사용하면서 제대로 진단이 되었습니다. 혈액 속에 폭발적으로 불어난 비정상적인 백혈구를 관찰할 수 있었거든요.

몸에 종기나 상처가 없고, '화농'의 원인은 도무지 알 수 없지만 백혈구가 비정상적으로 증식한 질병을 뭐라고 불러야 할까요? 피르호는 그리스어로 '희다'라는 단어를 써 '백혈병'이라는 이름을 택했습니다. 매우 단순하지만, 병의 실태를 정확하게 표현한 이 병명은 지금까지도 혈액암을 부르는 명칭으로 쓰입니다.

피르호가 남긴 '모든 세포는 세포에서 비롯된다(Omnis Cellula E Cellula)'는 세포 이론은 이후 생물학과 의학에 크나큰 영향을 주었습니다.

뿌리 깊은 자연 발생설

먹다 남은 빵을 내버려두면 일주일도 안 되어 곰팡이가 생깁니다. 이 곰팡이라는 생물은 얼핏 보면 아무것도 없는 상태에서 저절로 발생한 것처럼 보이지만, 그렇지 않다는 사실을 우리는 알고 있어요. 눈에 보이지 않을 정도로 작은 균이 빵 표면에 처음부터 붙어 있었거나, 어딘가에서 날아 와서 증식하는 바람에 '눈에 보이는 크기로 성장한 현상'일 뿐이죠.

죽은 벌레에 어느새 구더기가 들끓어도, 이불에 갑자기 벼룩이 나타나 몸이 가려워도, 우리는 구더기나 벼룩이 '아무것도 없는 상태에서 생겨났다'고는 생각하지 않습니다. 모두 어딘가에서 와서 붙어났다고 알고 있기 때문입니다. 과학의 역사에서 이 지식은 아주 최근에야 알려졌습니다. 아무것도 없는 상태에서 생물이 발생한다는 '자연 발생설'이 18~19세기 무렵까지 널리 믿어졌거든요.

특히 17세기에 레이우엔훅이 미생물의 존재를 확인하고 난 뒤 자연 발생설을 부정하기가 한층 어려워졌습니다. 눈에 보이지 않는다면, 언제 어디서 출몰하는지 관찰할 수 없기 때문이었죠. 이러한 자연 발생설은 과학계에 깊숙이 뿌리를 내리고 끈질기게 사라지지 않았습니다.

그러다 1760년대에 이탈리아의 동물학자인 라차로 스팔란차니가 자연 발생설에 의문을 품고 실험에 나섰습니다. 스팔란차니는 유리병에 육수를 넣고 끓여서 미생물이 완전히 사라진 상태로 만든 뒤, 하나는 밀봉하고 다른 하나는 공기에 그대로 노출시켜 비교했습니다. 실험 결과, 공기에 노출되었던 육수는 미생물이 대량으로 나타나 부패했지만, 밀봉한 육수는 아무런 변화 없이 멀쩡했습니다. 생물은 자연 발생하지 않고 외부에서 들어왔음을 증명한 결과였습니다.

그러나 자연 발생설을 신봉하던 학자들은 거세게 반발했습니다. 생명이 태어나려면 공기와 접촉이 필요하다고 주장한 것이죠. 반대파는 그가 밀봉으로 공기를 차단한 탓에 생명의 자연 발생이 방해받았다고 생각했습니다.

자연 발생설 지지자들에게 반박하려면 '공기가 공급되더라도 생물이 자연히 발생하지 않는 상황'을 증거로 제시해야 했어요. 이 난제를 프랑스의 화학자 루이 파스퇴르가 해결했습니다.

루이 파스퇴르

1859년, 파스퇴르는 백조의 목처럼 길쭉하게 생긴 특수한 플라스크로 실험을 진행했습니다. 외부에서 공기는 들어올 수 있지만, 미생물은 목을 지나며 걸러져, 내부에는 침입할 수 없는 구조의 플

파스퇴르의 실험

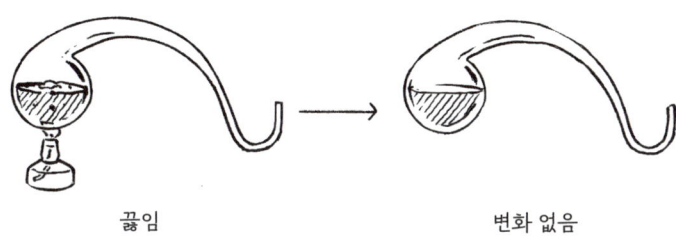

끓임   변화 없음

라스크였습니다. 이 플라스크에 담긴 육수를 끓여서 미생물을 없앤 상태로 만든 후에 장시간 방치했더니 공기가 통했음에도 육수에는 변화가 없었습니다. 공기가 있어도 미생물은 자연 발생하지 않았던 것이죠.

실은 파스퇴르가 실험하기 5년 전에 포석을 깐 사건이 있었습니다. 프랑스 경제에서 중요한 산업이던 와인 양조업은 어떤 현상 때문에 골머리를 앓는 중이었어요. 알 수 없는 이유로 일부 와인이 부패해 맛이 떨어지며 막대한 손해가 발생한 거예요.

당시 '부패'와 '발효'가 모두 미생물의 작용이라는 건 알려져 있지 않았습니다. 맥주와 와인이 발효로 만들어진다는 사실은 예부터 알고 있었지만, 저절로 일어나는 무언가의 화학 반응이라고만 여겼던 겁니다.

부패의 원인을 밝혀내기 위해 양조업자는 파스퇴르에게 도움을 청했습니다. 파스퇴르는 당을 알코올로 바꾸는 건 균류인 '효모'라는 사실과, 다른 종류의 미생물이 섞이면 다른 산이 생성되어 와인의 맛을 떨어뜨린다는 사실을 증명했습니다. 전자는 '발효'이고 후자는 '부패'이죠. 이는 미생물의 생명 활동을 인간이 임의로 이름 붙여서 나누었을 뿐입니다. 풍미를 해치지 않고 부패를 막는 온도에서 음료를 가열해 살균하는 기법은 파스퇴르의 이름을 따서 지금도 '파스퇴르 살균법(pasteurization)'이라 부릅니다.

소독의 개념을 세운
외과 의사

리스테린의 유래

'리스테린'이라고 하면 많은 사람들이 구강 청결제를 떠올릴 거예요. 실제로 리스테린은 140년이 넘는 역사를 자랑하는 유명한 상품입니다. 개발 초기에는 수술용 소독액으로 사용되었죠.

리스테린이라는 이름은 영국의 외과 의사 조지프 리스터의 이름에서 따온 것입니다. 리스터는 소독을 전 세계에 보급해 수술의 안전성을 비약적으로 끌어올린, 근대에 가장 유명한 외과 의사 가운데 한 사람이에요.

조지프 리스터

리스터가 런던에서 의사로 일하던 1850년대에는 많은 환자가 수술 후 감염증으로 목숨을 잃었습니다. 당시에는 소독이라는 개념 자체가 없어, 의사는 지저분한 차림으로 이 환자 저 환자에게 같은 수술 기구를 돌려썼어요. 당연히 수술한 상처는 높은 확률로 곪았고, 악취를 풍겼으며, 온몸에 심각한 감염증을 일으켰습니다.

이 상황을 개선하기 위해 리스터는 방부제와 하수 방취제로 사용하던 석탄산을 소독액으로 활용하는 아이디어를 떠올렸습니다. 이 아이디어에 도움을 준 것은 다름 아닌 파스퇴르였어요.

1850년대에 파스퇴르는 미생물이 부패와 발효를 일으킨다는 중대한 사실을 발견했습니다. 리스터는 학계에 보고된 파스퇴르의 연구 결과를 접하고, 수술 후 상처에도 부패와 같은 현상이 일어난다는 가설을 세웠습니다.

1865년 8월, 리스터의 병원으로 개방 골절을 당한 한 소년이 실려 왔습니다. 지금도 개방 골절은 세균이 침투하면 중증 감염증을 일으킬 우려가 있는 위험한 외상입니다. 항생제가 없던 시대에 개방 골절 환자를 구할 방법은 다리를 절단하는 것 말고는 거의 없었죠. 하지만 리스터는 소독의 효과를 믿고, 석탄산에 적신 천으로 환부를 감싸고 수시로 소독하는 방법을 택했습니다. 그리고 6주 뒤에 소년은 기적처럼 회복해서 다시 두 발로 걸을 수 있게 되었습니다.

리스터는 수술에 사용하는 소독법을 한 단계 더 개량하고 체계적으로 다듬어서, 1867년에 의학 학술지인 《랜싯》에 발표했습니다. 제목은 '외과 수술에서의 소독 원리에 관하여(On the antiseptic principle in the practice of surgery)'였습니다.

리스터가 고안한 이 방법으로 수술 후 감염증은 빠르게 감소했습니다. 수술에 '청결'이라는 새로운 개념을 도입한 리스터는 그 공로를 인정받아 1897년, 외과 의사로는 최초로 남작 작위를 받습니다.

오늘날 의사는 수술 전에 꼼꼼하게 손을 씻고, 알코올 등으로 소독하고, 멸균된 가운을 입고, 멸균된 기구를 사용해 수술을 집도합니다. 당연히 기구는 한 번씩만 사용하며 일회용이 아닌 기구는 쓸 때마다 '오토클레이브'라는 엄격한 고온 고압 장치로 멸균합니다. 환자의 피부는 절개하기 전에 소독액으로 꼼꼼하게 소독하고, 수술 상처는 탈이 나지 않도록 거즈 등으로 덮지요.

이러한 의료계 관습은 수술 후 상처가 곪는 증상이 세균의 소행이며, 세균을 죽이면 감염이 예방된다는 지식에 기반하고 있습니다. 지식이 없던 시절에 감염은 나쁜 공기처럼 눈에 보이지 않는 힘이 일으킨다고 믿었고, 소독이라는 개념조차 그 누구도 떠올리지 못했어요.

감염 예방의 관점에서는 1840년대에 이그나츠 제멜바이스가 권장한 손 소독이 무척 합리적입니다. 그러나 제멜바이스가 주장한 방법은 널리 받아들여지지 못했고, 그의 이름이 알려지지도 못했죠. 파스퇴르가 미생물이 어떻게 작용하는지 세상에 알리기 전에는 소독의 가치를 이해하기 어려웠기 때문입니다.

그로부터 20년 남짓 지나고, 리스터는 소독법으로 하루아침에 유명 인사가 되었습니다. 아이러니하게도 제멜바이스는 과학계가 받아들이기에는 너무 이른 시기에 경종을 울린 것입니다.

미생물학의 거인

로베르트 코흐

과거 인류에게 질병의 원인은 체액의 불균형이나, 유독한 공기 같은 실체를 확인할 길이 없는 것이었습니다. 17세기에 이르러 눈에 보이지 않는 미생물의 존재가 알려지고 나서도, 이 미생물이 인체로 들어와 질병의 원인이 된다는 사실은 오랫동안 밝혀지지 않았어요.

이 사실을 밝힌 인물은 독일의 로베르트 코흐입니다. 코흐는 부지런하고 꼼꼼하고 성실한 의사였어요. 의사로 일하는 짬짬이 아내에게 받은 현미경을 활용해 열심히 연구를 이어 갔죠. 그리고 병에 걸린 사람의 조직을 관찰해, 그 속에서 특징적인 세균을 차례차례 발견했습니다.

그런데 병이 생긴 장기에 있는 세균이 원인인지 결과인지까지는 판별할 수 없었습니다. 그래서 코흐는 '세균을 단독으로 배양해서 증식하는 기법'을 고안했습니다. 한 종류의 세균을 배양해서 증식하고, 동물에게 감염시켜 병에 걸리는지를 확인한 것이죠.

코흐는 한천이라는 물질을 사용해 고체 배지를 발명했습니다. 배지란 세균이 자라는 데 필요한 영양을 듬뿍 머금은 인공적인 토양이라고 할 수 있어요. 빵 표면에 점처럼 생겼던 곰팡이가 점점 퍼져서 빵 전체가 곰팡이투성이로 변하듯, 고체 배지에서는 한 종류의 세균이 같은 장소에서 고정되어 증식해 하나의 콜로니(군집)를 형성합니다.

그때까지 세균 배양을 가로막는 가장 큰 걸림돌은 다른 세균이 섞여 들어가는 상황이었습니다. 액체 속에서 배양하면 다른 세균이 섞였는지 알기 어렵고, 섞인 세균만 골라 제거하기도 어려웠죠. 그러나 고체 배지에서는 다른 세균이 배지에 섞여 들어도 형태가 다른 콜로니를 형성해, 쉽게 구별할 수 있었습니다.

이 고체 배지를 활용한 용기는 코흐의 조수였던 율리우스 페트리가 개발했습니다. 그의 이름을 딴 페트리 접시는 고체 배지와 함께 지금도 널리 사용되는 세균 배양 도구이죠.

코흐는 각종 세균을 배양하고 이 세균들을 동물에 감염시켜 특정한 세균에 의해 특정한 질병에 걸린다는 사실을 차례차례 증명했습니다. 세계 최초로 '세균이 질병의 원인'이라는

사실을 실험을 통해 밝혀낸
것이죠.

기타자토 시바사부로

19세기 후반에 코흐는 탄
저병, 결핵, 콜레라의 원인이
되는 세균을 발견했습니다.
또 같은 기법으로 코흐의 제
자였던 일본인 세균학자 기타
자토 시바사부로가 파상풍의
원인이 되는 세균을 발견했습니다.

1905년, 노벨 생리·의학상을 받은 코흐의 이론은 '코흐의
4원칙'으로 지금도 널리 알려져 있습니다. 코흐의 4원칙은 이
러합니다. 어떤 미생물이 병의 원인이라고 정의할 때 필요한
조건을 말합니다.

첫째, 병에 걸린 모든 개체에서 특정한 미생물이 검출되고,
건강한 개체에서는 검출되지 않아야 합니다. 둘째, 그 미생물
은 순수 배양으로 얻어져야 합니다. 셋째, 배양한 미생물을 건
강한 개체에 감염시키면 같은 병에 걸려야 합니다. 넷째, 감염
시킨 개체에서 다시 얻은 미생물이 원래 미생물과 같아야 합
니다.

이 원칙은 의학의 역사에 큰 전환을 일으키는 계기가 되었습니다. 코흐가 '각각의 세균과 그 세균이 일으키는 병은 일대일로 대응한다'는 사실을 증명했기 때문이에요. 다시 말해 만약 원인이 되는 세균을 없앨 수 있다면, 병을 근본부터 고칠 수 있다는 중대한 의미를 담고 있습니다.

이는 식사와 수면, 기도와 약초 등을 치료법으로 두던 옛 방식과는 달랐습니다. 드디어 인류는 질병 그 자체를 치료하는 근본적인 치유의 길에 들어선 것입니다.

마법의 탄환

코흐는 세균을 관찰하기 위해 다양한 염료를 활용해 조직을 염색했습니다. 특정 세균만 골라 물들일 수 있는 염료가 있다면, 세균의 존재를 수월하게 확인할 수 있으니까요. 이 기법은 코흐 이전부터 여러 세균학자가 시도했고, 더 나은 염색법을 찾고자 하는 노력이 이어졌습니다.

현대 감염병 진단 현장에서도 염료를 사용해 세균을 물들여 구분합니다. 질병의 원인을 특정하는 중요한 과정이라 각 병원 세균 검사실에서 매일같이 이루어지죠.

세균 검사뿐 아니라 현미경을 사용해 병을 진단하는 병리 진단에서도 다양한 염료를 씁니다. 예를 들어 잘라 낸 암 조직을 염색해서 세포의 변화를 확인하거나 특정 물질만 염색해 병의 원인을 특정하는 건 병리 진단에서 쓰는 기본적인 기법이에요.

19세기 중반에는 새로운 화학 염료가 차례차례 세상에 나왔습니다. 이 시기에 서유럽 국가들은 식민지에서 생산된 면을 자국에 조달했고, 그 덕에 섬유 산업이 번성했습니다. 자연히 천을 염색하는 색소 개발이 활발히 이루어졌고, 세탁해도 색이 빠지지 않는 다양한 염료가 연구되었어요. 이러한 시대적 배경을 등에 업고 갖가지 화학 염료가 개발되었습니다.

독일의 의사였던 파울 에를리히는 어린 시절부터 염료에 무척 관심이 많았습니다. 학창 시절에는 온갖 조직을 색소로 물들여 현미경으로 관찰하는 병리학 실험에 시간 가는 줄 모르고 몰두했죠. 나중에 코흐의 제자가 되는 에를리히는 세균을 염색해 구별하는 수많은 염료를 개발해, 세

파울 에를리히

균학을 크게 발전시켰습니다.

또 에를리히는 당시 누구도 도달하지 못했던 어떤 독창적인 아이디어를 떠올렸습니다. 바로 화학 물질로 특정 세균을 염색할 수 있다면, 화학 물질로 특정 세균을 죽일 수도 있다는 가설이었어요.

'화학 물질로 병을 치료한다.' 당시에는 참신함을 넘어 획기적이었던 이 개념을 에를리히는 '화학 요법'이라는 이름을 붙였습니다. 그리고 특정 병원균만 노려 처치하는 약을 '마법의 탄환(magic bullet)'이라고 불렀습니다.

1910년, 수백 가지나 되는 화학 물질을 사용해 실험을 거듭한 에를리히는 일본에서 온 유학생 하타 사하치로와 함께 마침내 마법의 탄환을 찾아냈습니다. 감염병 중 하나인 매독의 원인균을 죽이는 화학 물질이었죠. 제조 번호 606호인 이 물질에 '구원(salvation)'에서 따온 '살바르산(salvarsan)'이라는 이름을 붙였습니다. 살바르산은 세계 최초로 실용화된 항생제입니다.

살바르산의 발명은 '병을 근본적으로 치료하는 약'이라는 개념을 최초로 내놓았다는 점에서 중요한 의미를 지닙니다. 살바르산 발명 외에도 많은 업적을 남긴 에를리히는 1908년에 항체가 형성되는 이론을 발표한 공로로 노벨 생리·의학상을 받았습니다.

그러나 감염병을 치료하는 일은 여전히 난제였습니다. 매독 이외의 수많은 세균에 듣는 화학 물질을 개발하려면 여전히 험난한 가시밭길을 한참이나 걸어야 했죠. 에를리히가 화학 요법을 내놓고 나서 10년 넘게 지난 후에야 감염병의 역사를 뒤바꿀 진짜 '탄환'이 뜻밖의 형태로 발견되었습니다.

우연이 낳은 대발견

전쟁터와 감염병

때는 20세기 초, 전장에서 수많은 군인이 상처 감염으로 목숨을 잃고 있었습니다. 감염을 일으키는 범인은 피부 표면에 있는 포도상 구균이나 연쇄상 구균 같은 세균입니다. 에를리히가 '마법의 탄환'을 세상에 내놓은 뒤에도 일반적인 세균을 죽이는 '탄환'은 존재하지 않았어요. 상처로 세균이 들어와 온몸을 들쑤시며 심각한 감염증을 일으켜도, 인류는 손쓸 도리가 없었습니다. 그러다 아주 우연한 계기로 의학사를 뒤바꾸는 사건이 발생합니다.

1920년대, 런던의 세인트 메리병원에서 연구직으로 근무하던 알렉산더 플레밍은 포도상 구균을 연구하고 있었습니다. 그러다 1928년 9월 3일, 휴가에서 돌아온 플레밍이 세균을 배양하던 배지 하나에 곰팡이가 슨 것을 발견합니

알렉산더 플레밍

다. 그런데 신기하게도 푸른곰팡이의 일종인 이 곰팡이 주변에만 세균이 번식하지 않았죠. 이 곰팡이가 생산하는 어떠한 물질이 세균 증식을 억제하는 듯했습니다.

플레밍은 곰팡이에서 나온 노란 액체를 푸른곰팡이의 학명인 페니실리움(Penicillium)에서 따와 '페니실린(penicillin)'이라 이름 붙였습니다. 그런데 순수한 페니실린을 안정적으로 만들어 내지 못해 애를 먹었어요. 그래서 약으로 사용하기 어렵다고 판단한 플레밍은 자신이 발견한 사실을 논문으로만 학계에 보고하고, 다른 연구를 진행했습니다. 이것이 역사를 뒤바꿀 대발견인지는 플레밍 본인도 알지 못했죠.

그러다 몇 년 뒤 옥스퍼드대학교의 하워드 플로리와 에른

하워드 플로리

스트 체인이 플레밍의 논문에 주목합니다. 세균을 죽이는 약을 찾던 중에 페니실린에서 가능성을 발견한 것이죠. 페니실린 정제는 쉽지 않았지만, 효과는 탁월했어요. 1940년, 실험 쥐에게 연쇄상 구균을 감염시키고 페니실린을 투여했습니다. 그러자 하룻밤이면 죽을 쥐가 살아남았어요.

1941년에는 인간에게 페니실린을 투여하는 최초의 인체 임상 시험이 이루어지며, 효과를 검증했죠. 그러나 당시 기술로는 페니실린을 대량 생산하지 못한다는 문제가 남아 있었습니다. 고작 페니실린 2그램을 정제하려면 푸른곰팡이가 만드는 액체가 1톤은 필요했거든요.

막막한 상황을 진전시킨 것은 다름 아닌 제2차 세계 대전이었습니다. 독일, 이탈리아, 일본과 영국, 미국, 소련 등을 포함한 연합국 사이에서 일어난 이 전쟁에서 수많은 군인이 상처 감염으로 전사했습니다. 전쟁터에서 실려 온 군인들은 감염이 온몸으로 퍼지지 않도록 팔다리를 절단해야 했죠. 국가 차원에서 감염병 치료제가 절실한 상황이었습니다. 이때 플로리는 미국으로 건너가 정부 기관이 꾸린 연구팀에 들어갔습니다. 여러 제약 회사는 연합국 측의 병사를 구하기 위해 신약 개발 경쟁에 뛰어들었죠.

에른스트 체인

노르망디 상륙 작전을 뒷받침하다

푸른곰팡이 생산과 페니실린 추출법은 서서히 개량되었습니다. 전쟁터에서 페니실린의 수요는 폭발적으로 증가했고, 이 전쟁 특수를 등에 업고 페니실린 대량 생산이 실현될 수 있었어요.

1944년 6월 6일, 엄청난 수의 연합국 병사가 노르망디 해안에 상륙해, 독일군에 공격을 개시했습니다. 노르망디 상륙 작전으로 알려진, 사상 최대 규모의 군사 작전이었습니다. 그리고 이날, 연합국 측에는 강력한 무기가 제공되었습니다. 부상병 전체를 치료할 수 있는 페니실린이었죠.

이때 전쟁터로 보내진 페니실린의 90퍼센트는 미국 제약 회사인 화이자의 제품이었습니다. 경쟁사보다 먼저 안정적인 생산 공정을 완성한 덕분이었어요. 페니실린은 기적을 일으켰고, 연합국은 감염으로 인한 전사자가 빠르게 줄었습니다.

1945년에 플레밍과 플로리, 체인 세 학자는 함께 노벨 생리·의학상을 받았습니다. 페니실린은 오늘날에도 감염증 치료제로 널리 사용됩니다. 유대인이었던 에른스트 체인은 어머니와 여자 형제를 독일의 강제 수용소에서 잃었습니다. 체인이 인생을 걸었던 연구는 나치 독일이 패전하는 데 크게 이바지했어요.

인간에게 '기적의 약'으로 자리매김한 페니실린의 주성분은 푸른곰팡이가 세균으로부터 몸을 지키기 위해 분비하는 물질입니다. 나중에 이 약은 '생물에 저항한다'는 의미에서 '항생제(antibiotics)'라고 부르게 되었습니다.

페니실린의 발견은 의학의 역사에서 매우 중대한 전환점이 되었습니다. 필연적으로 '자연계에는 페니실린 말고도 인간에게 도움이 되는 항생제가 존재한다'는 가설로 이어졌기 때문이죠. 차근차근 항생제 탐색이 추진되었고, 여러 감염증 치료제가 인류 손에 쥐어졌습니다.

흙 속의 생물을 연구하던 미국의 미생물학자 셀먼 왁스먼은 방선균이라는 세균에서 항생 물질인 스트렙토마이신을 발견해, 1952년에 노벨 생리·의학상을 받았습니다. 스트렙토마이신의 발견 역시 의학사에서 매우 위대한 업적입

셀먼 왁스먼

니다. 많은 이들의 목숨을 앗아 갔던 결핵균과 맞서 싸울 효과적인 무기였거든요. 스트렙토마이신은 결핵 치료제로 지금도 꾸준히 사용됩니다.

항생제의 개발로 감염증 사망자는 극적으로 줄었습니다. 평균 수명은 빠르게 늘어났고, 인류 역사에 큰 변화를 가져왔죠. 많은 나라에서 오래도록 사망 원인 1위를 차지하던 감염증은 다른 질병에 자리를 내주었습니다.

그러나 이 기적의 약을 마구 사용한 대가를 치러야 했습니다. 항생제가 듣지 않는 내성균이 나타나기 시작했거든요. 기존의 항생제가 듣지 않자 새 항생제를 개발해야 했습니다. 그러면 다시 새로 개발된 항생제를 무력화시키는 내성균이 등장

했죠. 이런 식으로 인류와 세균의 쫓고 쫓기는 싸움이 이어지고 있습니다.

현재, 다양한 항생제에 대해 내성을 지닌 '다제 내성균'이 세계적으로 문제가 되고 있습니다. 어쩌면 언젠가는 감염병에 무력했던 그 옛날로 돌아갈지도 모릅니다.

현미경으로도
볼 수 없는 병원체

세균과 바이러스는 다르다

현미경의 발명으로 눈에 보이지 않는 미생물의 존재가 확실해졌고, 19세기에 코흐가 병원균을 발견하자 나쁜 공기설은 자취를 감추었습니다. 몸 밖에서 들어온 미생물이 몸 안에서 증식해 감염병을 일으킨다는 인식이 상식으로 자리 잡았죠.

그러다 시간이 좀 더 흘러 '현미경을 사용해도 눈에 보이지 않는 미생물'의 존재가 알려졌으니, 바로 바이러스입니다.

종종 혼동되지만 세균과 바이러스는 전혀 다른 미생물입니다. 일단 크기부터 완전히 달라요. 세균의 약 100분의 1로 아주 작아서, 일반적인 광학 현미경으로는 관찰할 수 없습니다. 독일에서 전자 현미경이 발명된 1931년에야 최초로 관찰되었죠. 안토니 레이우엔훅이 '미소 동물'을 발견하고 250년 넘는 세월이 지난 후였습니다.

눈에 보이지 않을 정도로 아주 작은 세계를 흔히 '마이크로 세계'라고 표현하죠. 1마이크로미터(micrometer, μm)는 1밀리미터의 1000분의 1입니다. 얼추 세균 크기이죠. 반면 바이러스의 크기는 '나노'로 표현합니다. 1나노미터(nanometer, nm)는 1마이크로미터의 1000분의 1입니다.

세균과 바이러스는 크기만 다른 게 아닙니다. '스스로 생존할 수 있는가?'에도 차이가 있어요. 세균은 환경만 갖춰지면 세포 분열로 스스로 증식할 수 있습니다. 다른 생물에 기생할 필요가 없죠.

한편 바이러스는 스스로 살아갈 수 없습니다. DNA와 RNA와 이들을 둘러싼 단백질로만 이루어진 단순한 구조로, 스스로 복제하는 힘을 지니지 못했죠. 이러한 성질을 이유로 들어 바이러스가 생물이 아니라는 견해도 많은데, 미생물학이라는 학문 영역에는 포함되는 게 일반적입니다.

바이러스가 증식하는 방법

그렇다면 바이러스는 어떻게 개체 수를 불릴까요? 사실 바이러스는 다른 생물의 세포에 자기 DNA나 RNA를 들여보내, 그 복제 시스템을 장악함으로써 증식합니다. DNA와 RNA는 생물의 설계도입니다. 바이러스는 자기 설계도를 상대방에게 전송해, 자신을 대신 만들어 낼 수 있어요.

말하자면 감염된 세포 몸에서 레고를 조립하던 중, 어느 순간 설계도를 바꿔치기당해 자기도 모르는 새 부지런히 다른 레고를 만들어 내는 것입니다. 바이러스에 감염된 세포는 바이러스를 양산하고, 세포 안에서 증식한 바이러스는 차츰 세포를 파괴하고 세포 밖으로 나옵니다. 그리고 야금야금 다른 세포를 감염시키고 파괴하며 증식하죠.

인간에게는 세포나 바이러스나 눈에 보이지 않기는 매한가지입니다. 그래서 뭉뚱그려 '미생물'이라고 부르지만, 세균에게 바이러스는 자기 생명을 위협하는 존재입니다. 바이러스는 세균을 파괴하거든요.

당연히 항균제(항생제)는 바이러스에 전혀 효과가 없습니다. 항균제는 세균에만 효과를 발휘하는 약물로, 세균이 아니면 듣지 않기 때문이죠.

세균보다 작은 바이러스의 존재가 처음 알려진 건 1890년입니다. 러시아의 생물학자 드미트리 이바노브스키는 담뱃잎에 모자이크 모양의 반점이 생기는 식물의 병을 연구하던 중이였죠. 아무래도 감염증인 듯한데 원인을 알 수 없었습니다.

놀라운 건 담뱃잎을 으깨서 세균을 제거하는 필터에 걸러도 감염성이 그대로였습니다. 세균보다 작은 감염원이 존재할 가능성을 암시하는 결과였어요.

이로부터 45년이 지난 1935년, 미국의 바이러스 학자인 웬들 스탠리가 최초로 담배 모자이크 바이러스의 존재를 밝혀냈습니다. 그리고 이 공로를 인정받아 스탠리는 1946년에 노벨 화학상을 받았습니다.

웬들 스탠리

감염병과 백신

스탠리가 담배 모자이크 바이러스의 존재를 밝힌 이후, 인간에게 질병을 일으키는 바이러스가 하나씩 정체를 드러냈습니다. 세균과 바이러스 같은 병원체가 발견되면서 인류는 질병 예방법과 진단법 그리고 치료법을 개발해 나갔어요. 그중 바이러스에 대항하는 치료제는 각종 항바이러스 제제입니다.

그런데 항균제와 달리 바이러스를 죽이는 항바이러스 제제는 적습니다. 대체로 증식을 억제하고 증상을 가볍게 하는 정도죠. 예를 들어 흔히 계절성 독감이라 부르는 인플루엔자에 처방하는 대표적인 항바이러스제, 타미플루의 효과는 '발열 기간을 약 하루 단축시킨다'입니다. 계절성 독감을 근본부터 치료하는 약은 아니죠.

또 치료제 자체가 존재하지 않는 바이러스 감염증도 많습니다. 가령 누구나 잘 아는 홍역과 풍진은 모두 바이러스 감염병인데, 항바이러스 제제가 존재하지 않습니다. 그러다 보니 이들 병에 걸리면 증상을 억제하는 약물을 사용하면서 낫기를 기다려야 합니다. 일부는 중증으로 발전해 치명적인 상태에 이르고, 후유증을 남기기도 하죠. 코로나19 바이러스도 마찬가지입니다. 근본적인 치료가 되는 항바이러스 제제는 아직 이 세상에 존재하지 않아요.

감염병에 대항하는 가장 큰 예방 수단은 백신입니다. 지금까지 계속 세균과 바이러스에 대항하는 백신이 개발되어 많은 사람의 목숨을 구했죠.

오늘날에는 디프테리아균, 백일해균, 파상풍균(3종을 합친 DTaP 백신), 소아마비 바이러스(폴리오 백신), 헤모필루스 인플루엔자균(Hib), 폐렴 구균, 결핵균(BCG). B형 간염 바이러스, 로타바이러스, 홍역 바이러스, 풍진 바이러스, 수두 대상 포진 바이러스, 일본 뇌염 바이러스, 사람 유두종 바이러스 등에 대한 20종에 가까운 백신을 어린이 국가 예방 접종 지원 사업에 따라 가까운 지정 의료 기관에서 비용 부담 없이 접종할 수 있습니다. '균'으로 끝나는 이름은 세균이고, 나머지는 바이러스입니다.

B형 간염 바이러스와 노벨상

백신으로 예방할 수 있는 질병은 영어 약자로 VPD(Vaccine Preventable Disease)라 부릅니다. 이러한 질병들은 백신을 접종함으로써 생명을 잃거나 심각한 후유증이 남는 질병을 높은 확률로 예방할 수 있어요.

B형 간염 바이러스와 사람 유두종 바이러스는 특히 암을 일으키는 바이러스입니다. B형 간염 바이러스는 B형 간염에서 간암을 일으키고(급성 간 부전 등 중증 간염으로 목숨을 잃을 수

도 있다.) 사람 유두종 바이러스는 자궁암을 포함한 다양한 암을 일으키죠. 그래서 해당 백신은 '암을 예방할 수 있는' 특별한 백신이에요.

바루크 블럼버그

대다수 암은 발병 원인이 워낙 다양해서 약으로 예방하기 어렵습니다. 아무리 식생활에 신경 쓰고 규칙적으로 생활해도 대장암이나 유방암, 전립샘암과 췌장암 등에 걸리는 상황을 방지할 수 없어요.

그러나 암의 원인이 감염증이라면 예방할 수 있어요. 그런 점에서 백신이 우리에게 주는 영향은 지대합니다.

하랄트 추어 하우젠

B형 간염 바이러스를 발견한 미국의 의사 바루크 블럼버그는 1976년에, 사람 유두종 바이러스를 발견한 독일의 바이러스 학자 하랄트 추어 하우젠은 2008년에 노벨

생리·의학상을 받았습니다.

기적의 기술

예상과 달리 백신의 탄생은 세균과 바이러스 연구보다 역사가 깊습니다. 세균과 바이러스의 존재가 밝혀지기 전에 백신이 실용화되었거든요.

'백신(vaccine)'의 어원은 소를 뜻하는 라틴어 'vacca'입니다. 왜 하고많은 동물 중에 굳이 소를 골랐을까요? 그건 백신의 탄생이 소와 깊은 연관이 있기 때문입니다.

18세기, 전 세계에서 천연두(두창)가 대유행했습니다. 온몸에 오돌토돌하고 울긋불긋한 발진이 퍼지는 이 병에 걸리면 세 명 중 한 명은 사망했습니다. 천연두는 두창 바이러스에 속하는 바이러스가 원인이 되어 발병하는 감염병입니다.

천연두는 기원전부터 알려진 병이지만, 예방법이나 치료법이 전혀 없었습니다. 다만 오직 한 가지, 옛날부터 경험으로 알려진 사실이 있었습니다. 바로 '천연두에 걸렸다가 나은 사람은 다시는 천연두에 걸리지 않는다'는 거였습니다. 오늘날 '면역'으로 알려진 현상이죠.

10세기 무렵, 경험에서 터득한 지식을 바탕으로 인두 접종이라는 예방법이 탄생했습니다. 인두 접종은 천연두 환자의 고름을 건강한 사람의 피부에 상처를 내고 넣어 저항력을 기르는 방법이에요. 어느 정도 효과는 있었지만, 접종 시술자가 감염되는 등의 위험이 있어 불안정했습니다.

그런데 영국의 농촌에서 '우두에 걸렸던 사람은 천연두에 걸리지 않는다'는 삶의 지혜가 구전으로 전해져 내려왔습니다. 우두는 소가 걸리는 병으로, 이 병에 걸린 사람은 피부에 가벼운 뾰루지가 생길 뿐 심각한 증상을 일으키지 않았습니다. 그런데 우두에 걸리면 희한하게 천연두에 걸리지 않고 넘어갈 수 있었죠.

영국의 의사 에드워드 제너는 이 현상에 주목했습니다. 그리고 우두 환자의 고름을 사람에게 접종하면 천연두를 예방할 수 있을 거라 생각했죠. 제너는 스물세 명에게 종두라고 불리는 이 방법을 썼고, 1798년에 연구 결과를 발표했습니다. 접종을 받은 사람 가운데는 제너의 11개월 된

에드워드 제너

아들도 포함되어 있었습니다.

발표 초기에는 접종 효과를 믿는 사람이 적었고, 제너는 웃음거리가 되었습니다. 그러나 종두의 효과는 누가 봐도 확실했습니다. 제너는 종두가 몸속에서 작용하는 원리를 알아내지 못했지만, 사실상 세계 최초의 백신을 만든 거예요.

천연두 백신은 빠른 속도로 전 세계에 보급되었고, 천연두 발생은 극적으로 줄어들었어요. 그리고 마침내 1980년, 세계보건기구는 천연두 종식을 선언했습니다. 이제 천연두 환자는 전 세계에 한 사람도 남지 않았습니다. 그 옛날 인류를 위협하던 질병이 지구에서 완전히 사라졌죠.

인류 역사상 백신만큼 많은 생명을 구한 약은 없을 겁니다. 현대를 사는 우리는 의학의 발전이 낳은 기적과 같은 기술을 누리며 살고 있습니다.

면역이 파괴되는 질환

어느 기묘한 보고

1981년, 의학 저널 《랜싯》에 이상한 논문이 실렸습니다. 카포지 육종이라는 희귀병에 걸린 남성 환자 여덟 명의 사례 보고서였는데, 특이한 점이 있었어요.

카포지 육종은 주로 어르신들이 많이 걸리는데, 이 환자들은 모두 20~40대로 젊은 편이었어요. 또 보통 10년 정도 긴 시간에 걸쳐 만성적으로 진행되는 경우가 많은데, 이들은 급속도로 진행되었고 그중 다섯 명은 단기간에 목숨을 잃은 거예요. 더욱이 여덟 명 모두 매독, 임질, 성기 헤르페스, 흔히 곤

지름이라고 부르는 성기 사마귀 등 다양한 성병 병력이 있었고, 하나같이 남성 동성애자였습니다.

놀라운 점은 더 있었습니다. 그중 한 사람인 서른네 살 남성은 주폐포자충 폐렴(Pneumocystis pneumonia, PCP)과 크립토콕쿠스 뇌수막염(Cryptococcal meningitis)처럼 희귀한 감염병을 동시에 앓아, 고작 석 달 만에 세상을 떠난 것이죠. 이 병들의 원인은 쉽게 말해 곰팡이입니다. 건강한 사람이라면 어지간해서는 문제가 되지 않는, 병원성이 매우 낮은 미생물이죠.

첫 번째 사례가 보고된 이후로 미국에서 비슷한 증상을 보이는 환자들이 줄줄이 나타났습니다. 이 환자들에게는 공통점이 있었는데, 하나같이 면역 기능이 파괴되어 건강한 사람이라면 걸리지 않을 감염병에 걸렸다는 점이었어요. 원인은 전혀 알 수 없었고요.

환자가 주로 남성 동성애자였기에 초기에는 '게이 관련 면역 부전증(Gay-Related Immune Deficiency, GRID)'라는 차별적인 병명이 붙었습니다. 나중에 이 증후군은 '후천 면역 결핍증', 일명 '에이즈(AIDS)'라는 병명으로 바뀝니다.

선천적으로 면역 기능에 이상이 있는 질환을 '선천 면역 결핍 증후군'이라 부릅니다. 그런데 이 환자들이 걸린 것은 후천적으로 면역 기능이 사라지는 새로운 증후군이었어요.

뤼크 몽타니에

신종 질병이 학계에 보고되고 연구자들은 바빠졌습니다. 첫 발견 후 2년 뒤인 1983년, 프랑스의 바이러스 학자 뤼크 몽타니에와 프랑수아즈 바레시누시가 에이즈의 원인이 되는 바이러스를 발견했어요. 처음에는 '림프종 관련 바이러스'라고 부르다가, 1986년에 '사람 면역 결핍 바이러스(Human Immunodeficiency Virus, HIV)'라는 이름을 붙였죠.

프랑수아즈 바레시누시

HIV는 의료진을 매우 애먹이는 바이러스입니다. 인간의 면역을 담당하는 림프구 중 하나인 '보조 T세포(Helper T cell)'에 침입해서 자신을 대량으로 복제해 T세포를 파괴하죠. 바이러스는 T세포에 침입해 꾸준히 파괴 공작을 벌이고, 그 결과 T세포는 서서히 감소합니다.

바이러스는 몇 년에서 몇십 년이라는 긴 세월에 걸쳐 조용히 목을 조여 오듯 숙주의 면역 체계를 파괴해 갑니다. 결과적으로 건강한 사람이라면 문제가 되지 않을 진균(곰팡이)이나 독성이 약한 바이러스도 중증 감염병을 일으켜, 숙주를 죽음에 이르게 하죠. 이러한 감염증을 '기회감염'이라 부릅니다.

성적 접촉으로 감염되는 경향

바이러스의 존재가 밝혀진 후 항바이러스제 개발도 빠르게 이뤄졌습니다. 매년 치료법이 개선되었고, 오늘날에는 여러 항바이러스제를 함께 쓰는 방법으로 바이러스 증식을 거의 완벽하게 억제할 수 있어요.

한 예로, 예전에 에이즈는 감염되면 곧 사형 선고로 여겨질 만큼 무서운 감염병이었는데, 지금은 통제 가능한 '만성 질환'이 되었죠. 약을 복용하면 'HIV에는 감염되었지만, 에이즈는 발병하지 않은 상태'를 유지할 수 있습니다.

HIV는 보균자의 혈액 외에 정액이나 질 분비액에도 들어 있어서 성관계를 통해 사람에서 사람으로 전염됩니다. 이처럼 성을 매개로 감염을 일으키는 병원체는 HIV 외에도 임질균이나 클라미디아균이나 매독균 같은 세균, B형 간염 바이러스나 사람 유두종 바이러스 같은 바이러스도 있습니다.

하나의 성병에 감염된 환자가 동시에 여러 성병에 걸려 있는 사례가 많은 것도 이 때문입니다. 감염 경로가 같은 병원체에 공격당할 위험이 있는 거죠. 그래서 1981년에 보고된 여덟 명의 남성 환자 모두 성병에 걸린 이력이 있던 것입니다.

HIV는 마약류 등의 주사기를 돌려쓰다가 혈액을 매개로 감염되기도 합니다. 임신부가 HIV 보균자라면 모자 감염을 일으킬 우려도 있어 미리 항바이러스제를 복용하고 모유 수유를 피해야 해요.

현재 전 세계에는 약 3800만 명의 HIV 감염증 환자가 있고, 그중 절반 이상은 사하라 이남 지방, 즉 남아프리카에 분포합니다. 성 감염병 예방이 충분히 이루어지지 않은 게 주요 원인이죠. 아프리카 감염자는 여성이 많고, 모자 감염으로 유아 감염도 큰 문제가 되고 있어요. 첫 성관계 전에 충분한 예방 교육이 필요합니다.

몽타니에와 바레시누시는 최초로 HIV를 발견한 공로를 인정받아 2008년에 노벨 생리·의학상을 받았습니다. 사람 유두종 바이러스를 발견한 하랄트 추어 하우젠도 동시 수상했죠.

이 해 노벨상은 '인류에 널리 퍼진 바이러스 병원체의 발견'에 수여된 셈입니다.

불치병을 치료하기까지

2020년 노벨 생리·의학상도 바이러스 발견 공로자에게 주어졌습니다. 수상자는 세 명의 바이러스 학자로 하비 올터, 마이클 호턴, 찰스 라이스였습니다. 이들이 발견한 바이러스는 바로 C형 간염 바이러스예요.

C형 간염 바이러스는 혈액으로 감염되어 간에 만성적인 염증을 일으킵니다. 간에 생긴 만성 염증은 오랜 세월에 걸쳐 간세포가 파괴, 재생을 반복하는 과정에서 간경변증, 간암을 유발합니다. 만성적인 질환 (만성 간염이나 간경변증)을 앓는 간은 암에 걸릴 공산이 크죠. 대개 10년에서 20년이라는 긴 시간에 걸쳐 간을 좀먹어 손상된 상태거든요.

간을 구성하는 세포가 암으로 변해 생긴 암을 '원발성

하비 올터

간암'이라 부릅니다.(다른 장 기에서 전이한 암은 '전이성 간암'이에요.) 원발성 간암은 간세포 암과 간 내 담관암으로 크게 나눌 수 있는데, 일본에서는 간세포 암 환자가 90퍼센트 이상을 차지합니다.

마이클 호턴

분류가 조금 복잡해 보여도 단순해요. 간을 구성하는 주요 세포는 간세포와 담관 세포인데, 이들이 암으로 변하면 각각 간세포 암과 간 내 담관암이 되는 거죠.

간에서 발생하는 암 대부분이 간세포 암인데, 그 원인의 70~90퍼센트는 B형 간염 혹은 C형 간염입니다. 일본 통계로는 약 70퍼센트가 C형 간염, 약 20퍼센트는 B형 간염이죠. '간암'이라는 말을 들으면 자동으로 술을 원인으로 떠올리는 사람이 많습니다. 그런데 의외로 가장 큰 원인은 바이러스인 거예요.

C형 간염은 예전에 A형도, B형도 아니라는 의미로 '비A·비B형 간염'이라고도 불렸어요. 그때는 A형 간염 바이러스와

찰스 라이스

B형 간염 바이러스가 발견되며 진료법이 확립되어 있었어요. 그런데 '이 바이러스들이 관여하지 않은 미지의 간염'도 존재했던 것이죠.

1989년에 C형 간염 바이러스가 발견되며 그 진단법도 확립되었습니다. 그런데 C형 간염은 치료가 어려웠어요. 일단 바이러스에 감염되면 만성질환으로 악화해 간경변증이나 간세포 암을 일으키는 사례가 많았지요.

게다가 A형 간염, B형 간염과 달리 C형 간염에는 백신이 없습니다. 그렇기에 일상에서 간염 환자와 접촉하고, 주삿바늘 등을 다루는 의료 종사자에게 C형 간염은 위협적인 감염병입니다.

그러나 치료법이 꾸준히 개선되며 최근에는 간염 바이러스에 직접 작용하는 항바이러스제가 나왔습니다. 이 획기적인 약 덕분에 C형 간염의 95퍼센트 이상이 치료를 목표로 할 수 있게 되었죠.

먹는 약만으로 C형 간염이 낫는다는 건 한 세대 전까지만 해도 상상할 수 없었던 미래입니다. C형 간염 바이러스의 발견은 그 주춧돌이 되는 의학계의 위대한 업적이에요.

세계 최초의
전신 마취

누구도 상상하지 못한 일

전신 마취라는 개념이 없었던 시절에는 수술을 어떻게 했을까요? 그 시절에 수술은 끔찍한 고통을 감내해야 하는 일이었습니다. 환자가 비명을 지르고 몸부림치는 상황 속에서 여러 사람이 환자를 억지로 붙잡고, 의사는 최대한 빠르게 수술을 마쳐야 했죠. 이렇게 극심한 고통이 따르다 보니 수술 범위가 자연스럽게 제한될 수밖에 없었습니다. '잠든 사이에 아프지 않게 수술을 받고, 다시 꿰매는 치료'는 그 당시 누구도 상상하지 못할 일이었습니다.

일본 에도 시대의 의사 하나오카 세이슈는 이러한 상황을 바꾸고 싶었습니다. 어릴 때부터 의원인 아버지를 보며 자란 그는, 아픈 사람을 돕기로 결심하고 의사가 되었습니다. 세이슈는 통증 없이 수술하도록 약초를 활용해 마취

하나오카 세이슈

약을 개발하는 연구에 착수했습니다.

오랜 시간 고심한 끝에, 1804년 그는 '통선산'이라는 이름의 전신 마취제를 완성했고, 이를 사용해 유방암 수술에 성공했습니다. 이것이 세계 최초로 시행된 전신 마취 수술입니다. 세이슈의 전신 마취 실험에는 놀라운 배경이 있습니다. 바로 그의 아내와 어머니도 이 실험의 대상이었던 거죠. 두 사람 모두 실험 대상이 되기를 자원했다고 해요.

세이슈는 가족을 상대로 한 실험을 통해 마취제의 효과를 검증했고, 100명이 넘는 유방암 환자에게 수술을 시행했습니다. 그의 명성을 듣고 일본 각지에서 수많은 제자가 모여들었죠. 그런데 세이슈가 개발한 마취제는 용량 조절이 까다로워

전 세계에 널리 보급되지 못했습니다.

전신 마취를 보급한 치과 의사들

전신 마취가 보급된 계기를 마련한 건 미국의 치과 의사들이었습니다. 일본에서 세이슈가 최초로 전신 마취에 도전하고 나서 약 40년 뒤의 일입니다.

18세기 후반부터 19세기에 걸쳐 아산화 질소라는 기체가 파티에서 사용되었습니다. 이 기체를 마시면 술에 취한 듯 웃음이 그치지 않게 되어 '웃음 가스'라고 불렀어요. 젊은이들은 꿈꾸는 듯 몽롱한 상태가 되어 다쳐도 아픔을 느끼지 못했죠.

이 모습을 본 치과 의사 호러스 웰스는 기발한 아이디어를

호러스 웰스

떠올렸습니다. 이 기체를 쓰면 통증 없이 치아 치료를 할 수 있겠다고 생각한 거죠.

웰스는 우선 본인에게 가스 효과를 시험했습니다. 웃음 가스를 직접 들이마시고 의식을 잃은 사이에 조수인 존 리그스에게 사랑니를 뽑게

했죠. 놀랍게도 전혀 통증이 느껴지지 않았습니다.

그 후 웃음 가스를 많은 환자에게 사용해 효과를 확신하게 된 웰스는 1845년 1월에 공개 수술에 도전했습니다. 장소는 보스턴의 매사추세츠종합병원으로, 하버드대학교 의과대학과 협력 관계에 있는 병원이었죠.

그런데 불운하게도 웰스의 도전은 실패로 끝났습니다. 청중들이 지켜보는 가운데 수술을 받던 환자가 비명을 지르며 아파했거든요. 돌팔이, 사기꾼이라는 비난이 웰스에게 쏟아졌습니다. 성실한 노력가였던 웰스는 다시 실험을 이어 갔지만, 신뢰를 회복하지는 못했습니다.

웰스의 실험은 왜 잘 풀리지 않았을까요? 웃음 가스의 양과 순도 문제였는지, 아니면 기온이나 습도 같은 환경을 통제하지 못해서였는지 아직도 의문으로 남아 있습니다.

한편 웰스의 공개 수술에서 조수를 맡았던 같은 치과 의사 윌리엄 모턴은 포기하지 않았습니다. 그는 웰스의 실패를 지켜보고 웃음 가스 대신 '에테르'를 선택했습니다. 에테르 증기에도 웃음 가스와 유사한 효과가 있어, 당시에 에테르 파티가 열릴 정도였거든요.

자신의 환자에게 실험한 결과, 모턴은 에테르를 사용해 통

윌리엄 모턴

증 없이 수술할 수 있다는 사실을 확인했습니다. 그러자 1846년, 웰스와 같은 장소에서 공개 수술을 시연했습니다. 웰스가 실패한 지 고작 1년 뒤의 일이었어요. 결과는 대성공이었습니다. 환자는 전혀 아픔을 느끼지 않고, 턱의 종양을 제거할 수 있었습니다. 이 소식은 대대적으로 보도되었고, 마취법이 보급되는 첫걸음이 되었습니다.

그 후로 에테르에 불이 붙을 위험이 있다는 사실이 알려지며 더욱 안전한 '클로로포름'도 흡입 마취제로 활용되기 시작합니다. 물론 에테르와 클로로포름 모두 과량 투여하면 몸에 심각한 부작용을 일으킬 수 있습니다. 이 문제를 해결하기 위해 기체 농도를 조절할 수 있는 흡입기를 제작해, 마취의 안전성을 높인 인물이 영국의 의사 존 스노입니다. 앞서 런던에서 대유행한 콜레라 발생 원인을 밝혀냈던 그 의사예요.

현재는 마취제가 더욱 발전해 안전성이 높은 여러 제제를 조합해서 환자 맞춤형으로 사용할 수 있게 되었어요. 마취 관련 사고도 매우 드물죠. 마취과 의사가 환자의 상태를 관리하는 동안 외과 의사는 열 시간이고 스무 시간이고 긴 수술을 집도할 수 있게 되었습니다.

논쟁과 비극의 결말

모턴의 시연이 성공한 뒤부터 미국에서는 오랫동안 '누가 마취법을 발명했나?'를 두고 격렬한 논쟁이 벌어졌습니다.

특히 뼛속까지 상업주의자였던 모턴은 마취법 발명을 자신의 공으로 세상에 홍보하기에 여념이 없었어요. 그는 신문에 무통 발치 광고를 대대적으로 내서 돈방석에 앉았죠. 또 에테르 마취로 특허를 신청해 그 사용료로 사업을 했고, 의원에게 로비 활동을 펼쳐 정부에서 장려금을 타내는 데도 부지런히 힘썼습니다.

그런데 에테르는 원래 일반적으로 사용되던 화합물이라서 '발명'에 대한 독자성은 좀처럼 인정받지 못했습니다. 더구나 모턴에게 처음에 에테르에 관해 조언해 준 하버드대학교의 권위자 찰스 잭슨도 자신이야말로 진짜 발명자라며 한 발짝도 물러나지 않았고, 모턴과 의학지에서 논쟁을 펼쳤습니다.

게다가 조지아주 외과 의사였던 크로퍼드 롱이 이미 모턴보다 4년 앞서 에테르를 사용해 수술을 집도했다는 사실까지 알려졌습니다. 그 밖에도 많은 사람이 '최초 발명자'라고 나서며 논쟁의 불씨가 꺼질 날이 없었죠. 평생에 걸쳐 자신의 공로를 세상에 남기려고 발로 뛰던 모턴은 1868년, 뇌졸중으로 갑작스럽게 세상을 떠났습니다.

한편, 웰스도 자신이야말로 흡입 마취법의 창시자라고 주장하며 논쟁에 참전했습니다. 마취법 발명자로서의 명예를 되찾기 위해 이번에는 클로로포름을 자신에게 사용해 가며 필사적으로 실험을 거듭했죠. 그러나 이 실험이 웰스의 몸과 마음을 좀먹었습니다.

1848년, 웰스는 거리에서 여성 두 명에게 황산을 끼얹어 다치게 한 혐의로 체포되었습니다. 클로로포름을 남용한 웰스는 심각한 중독 상태에 시달렸어요. 그가 벌건 대낮에 벌인 기행은 착란 상태에서 벌인 것이었습니다. 제정신을 되찾았을 때는 이미 체포되어 투옥된 상태였죠.

자신이 저지른 죄를 마주하고 고통스러워하던 웰스는 이튿날 클로로포름을 들이마시고 면도칼로 넓적다리 동맥을 긋는 극단적인 선택을 합니다. 다음 날 아침, 간수가 독방을 찾았을 때 그는 이미 이 세상 사람이 아니었어요.

웰스와 모턴이 공개 시연을 선보였던 수술실은 현재 매사추세츠종합병원 부지 안에 '에테르 돔(Ether Dome)'이라는 이름으로 남아 있습니다.

미국이 독립한 후 한 세기도 채 지나지 않은 때에 탄생한 미국 사상, 아니, 의학사에서 가장 중요한 발명은 여전히 비극적인 일화와 함께 전해집니다.

무서운 당뇨병

실명 원인 3위

1921년, 의학 역사를 바꾼 중대한 사건이 일어납니다. 바로 혈당을 낮추는 호르몬인 '인슐린'을 최초로 발견한 것이죠. 인슐린은 이자에서 만들어지는 호르몬입니다. 우리 몸은 혈당 변화를 아주 미세한 수준까지 감지하고, 적절한 때에 인슐린을 분비시켜 혈당 수치를 일정하게 유지하죠.

당뇨병은 인슐린이 부족하거나 인슐린 작용이 약화되는 '인슐린 저항'이 원인이 되어 발생합니다. 혈액 속 포도당 농도가 높아지면 농도 차 때문에 혈관 내로 물이 끌려 옵니다.

그 물이 소변이 되어 화장실에 자주 가고 싶은 다뇨증이 되고, 물을 마셔도 마셔도 갈증이 생기죠. 과한 포도당은 소변으로 배설되어 소변 속 포도당 농도가 비정상적으로 높아지고요. 이 증상이 '당뇨병'이라는 병명의 유래입니다.

우리 몸에는 100종류가 넘는 호르몬이 존재하는데, 혈당치를 내리는 호르몬은 오직 인슐린뿐이에요. 반면 혈당치를 높이는 호르몬은 성장 호르몬, 부신 겉질 호르몬, 부신 속질 호르몬, 갑상샘 호르몬, 글리코젠, 성장 억제 호르몬 등으로 다양합니다.

혈당을 높이는 구조가 충실하게 갖추어진 데는 나름의 이유가 있습니다. 동물은 식량 부족에 대비해 영양을 비축해야 하거든요. 현대 인류는 역사적으로 매우 드물게 먹을 것이 넘쳐 나는, 다시 말해 '끼니를 걱정할 필요가 없는 동물'이 되었지만요.

당뇨병에는 몇 가지 유형이 있습니다. 그중에서도 1형 당뇨병과 2형 당뇨병이 중요한데, 2형이 당뇨병의 90퍼센트를 차지합니다. 많은 사람에게 친숙하고 성인병으로 흔히 알려진 당뇨병은 대개 2형 당뇨병이에요. 2형 당뇨병은 유전적인 요인과 과식과 비만, 운동 부족과 같은 환경 요인으로 인해 인슐린 저항과 인슐린 분비 저하가 동반되며 생기는 만성 질환입니다.

고혈당 상태가 오랫동안 지속되면 장기에 이런저런 이상이 생깁니다. 대표적인 증상이 신경, 눈, 콩팥 장애입니다. 의대에서 수업 시간에 귀에 못이 박히도록 듣고, 시험에도 단골로 등장하는 문제이죠.

말초 신경에 이상이 생기면 손발이 저리거나, 감각이 얼얼하며 둔하게 느껴집니다. 또 온몸의 모세 혈관이 손상되고 망막의 모세 혈관이 망가지며 당뇨 망막 병증이 발생하는데, 이 증상이 악화되면 실명할 수도 있습니다. 일본에서는 당뇨병이 실명 원인 3위를 차지하기도 했어요.

또 콩팥 혈관이 손상되어 '당뇨병 콩팥 병증'이 생깁니다. 그러면 콩팥 기능이 서서히 망가져서 마지막에는 투석 치료를 받아야 해요. 투석 치료 환자의 원인 질환을 살펴보면 당뇨병이 압도적인 1위로, 약 40퍼센트를 차지합니다.

고혈당은 면역 기능도 떨어뜨려 발에 생긴 작은 상처가 자기도 모르는 사이에 심각한 감염증으로 발전하기도 합니다. 당뇨병으로 모세 혈관의 혈류가 원활하지 않다 보니 발이 썩어 들기도 해요. 이를 흔히 '당뇨 발'이라고 부르는데, 정식 명

칭은 '당뇨병성 족부 병증'입니다. 당뇨병 환자가 겪는 대표적인 합병증으로, 때로 발을 절단해야 할 정도로 심각해지기도 해요. 당뇨병 환자는 당뇨병이 없는 사람보다 족부 절단 수술을 받을 가능성이 30배나 높습니다,

여기까지 읽으면 알 수 있겠지만, 2형 당뇨병은 일반적으로 서서히 몸을 갉아먹는 만성 질환입니다. 한편, 1형 당뇨병은 전혀 다른 특징을 보여요. 생활 습관과 무관하게 소아기나 사춘기에 많이 나타나죠. 인슐린을 분비하는 이자의 세포(β세포)가 망가져, 인슐린의 양이 절대적으로 부족한 상태입니다. 대체로 면역계가 오작동해 자신의 이자를 공격하여 발생한다고 추정돼요.

1형 당뇨병에 걸리면 이자에서 인슐린이 거의 분비되지 않습니다. 주사로 인슐린을 몸 밖에서 보충해 주지 않으면 살아갈 수 없죠. 인슐린의 존재가 알려지지 않았던 20세기 초까지는 1형 당뇨병 환자들이 단명해서 발병 후 몇 년 안에 사망했습니다. 인슐린이 없으면 우리 몸에서 어떤 일이 벌어지는 걸까요?

인슐린은 '혈당 수치를 내리는 호르몬'이라고 설명했죠? 정확하게는 혈액 속을 흐르는 포도당을 세포에 흡수해, 에너

지원으로 이용할 수 있게 해 주는 호르몬입니다. 혈당치 저하는 그 결과로 나타나는 현상이죠. 따라서 인슐린이 없으면 몸은 에너지를 효율적으로 만들어 내지 못하고 급격히 야위어 갑니다.

포도당을 에너지원으로 쓰지 못하면 우리 몸은 대체제로 대량의 지방을 분해해 에너지를 생산합니다. 그러면 지방이 분해될 때 생기는 '케톤체'라는 산성 물질이 몸 안에 과도하게 쌓이며 혈액이 차츰 산성화되고 말아요. 이 상태를 '당뇨병성 케톤산증'이라 부릅니다. 신속하게 인슐린을 투여하지 않으면 혼수상태에 빠져 목숨을 잃는 질병이에요.

인체의 각 장기가 정상적으로 작동하려면 언제나 혈액은 중성이라는 좁은 범위(엄격하게 따지면 아주 약간 알칼리성)로 유지되어야 합니다. 인슐린이 발견되기까지 1형 당뇨병은 젊은 이들의 목숨을 앗아 가는 불치병이었어요.

인슐린 발견이라는 기적

당뇨병의 역사는 매우 오래되었습니다. 기원전 15세기 고대 이집트의 파피루스에는 당뇨병 환자의 특징으로 꼽히는 다뇨증이 기록되었어요. 그 유명한 히포크라테스도 당뇨병의 증

상을 다루었죠.(조선 시대의 세종대왕도 당뇨병을 앓았다고 알려져 있다. – 옮긴이)

이렇게 오래전부터 알려진 병인데도 인슐린의 존재뿐 아니라 이자가 당뇨병과 연관된 장기라는 사실조차 19세기 후반까지 알려지지 않았습니다. 3000년 넘는 역사에서 당뇨병의 실체는 '아주 최근'에야 밝혀졌어요.

중요한 전환점은 1889년에 찾아왔습니다. 독일의 의사 오스카 민코프스키가 이자를 잘라 낸 개에게 당뇨병이 생긴다는 사실을 발견하면서죠. 이자가 없는 개는 비정상적으로 많은 물을 마시고, 다뇨증 같은 당뇨병 특유의 증상을 보였습니다. 그리고 증상이 심해지면 혼수상태에 빠졌다가 숨을 거두었죠.

이자가 십이지장에 소화액을 분비한다는 사실은 이미 알려져 있었지만, 이자에 혈당 수치를 조정하는 기능이 있다는 사실은 이때 최초로 밝혀졌어요.

이자에서 분비되는, 혈당을 내리는 호르몬을 추출할 수 있다면 이 물질을 사용해 당뇨병 환자를 구할 수 있었습니다. 수많은 연구자가 매달려 밤낮으로 연구했지만, 별다른 성과를 내지 못했어요. 단백질을 분해하는 이자 속의 소화 효소가 호르몬도 분해해 버려서 추출하기가 어려웠거든요.

해답을 찾지 못해 막막하던 중 인슐린 발견은 뜻밖의 순간에 이루어졌습니다.

1920년, 당시 스물아홉 살이던 캐나다의 프레더릭 밴팅은 당뇨병 치료 경험이 없는 평범한 의사였습니다. 대학에서 시간 강사로 학생들을 가르쳤는데, 강의를 준비하다가 탄수화물 대사와 관련된 문헌을 보고 어떤 아이디어를 떠올렸습니다.

동물의 이자관 출구를 묶어서 이자 소화 효소를 만드는 세포를 망가뜨리면 호르몬만 추출할 수 있지 않을까 하는 아이디어였습니다. 호르몬은 이자관과 같은 '도관(지나는 길이 되는 굵은 관)'이 없어 모세 혈관 안에 직접 분비됩니다. 이자관을 막으면 정체된 이자액으로 이자관 압력이 높아지고 소화 효소를 만드는 세포만 파괴되어, 소화 효소의 영향을 받지 않고 호르몬을 추출할 수 있으리란 생각이었죠.

밴팅은 자기 아이디어를 실현하기 위해 1920년 11월에 토론토대학교의 생리학 교수였던 존 매클라우드와 처음으로 만났습니다. 존 매클라우드는 당뇨병 지식이 부족하고 실험 경험도 적던 밴팅에게 떨떠름하게 실험 설비를 내주었죠. 풋내기 의사에게 장비를 빌려주며 내심 불안했지만, 이 선택이 나중에 '토론토의 기적'으로 불리는 쾌거로 이어졌습니다.

이자에서 인슐린을 추출하는 법

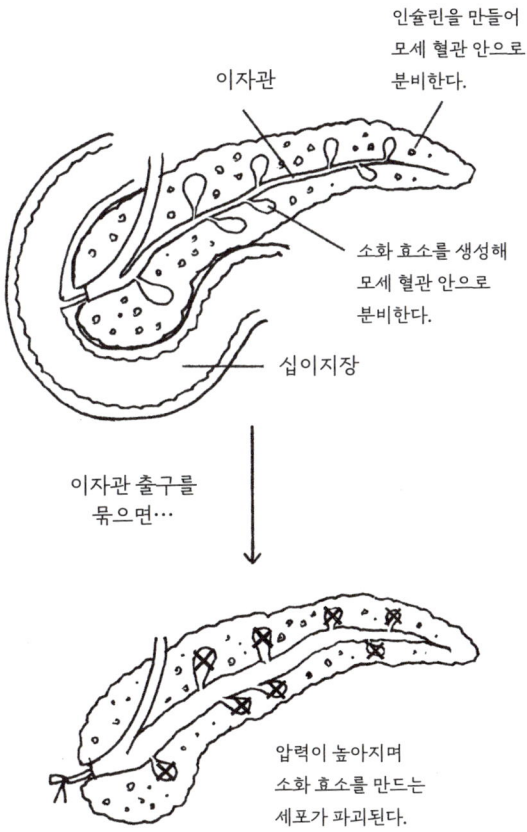

인슐린을 만들어 모세 혈관 안으로 분비한다.

이자관

소화 효소를 생성해 모세 혈관 안으로 분비한다.

십이지장

이자관 출구를 묶으면…

압력이 높아지며 소화 효소를 만드는 세포가 파괴된다.

프레더릭 밴팅

1921년, 밴팅은 이 방법으로 개의 이자에서 호르몬을 추출하는 데 성공했습니다. 이렇게 얻은 물질을 당뇨병에 걸린 개에게 주사했더니, 극적인 결과를 보였어요. 이자 전체를 잘라 냈음에도, 실험견 마저리는 70일 넘게 생존했고, 세계에서 가장 유명한 실험동물이 되었습니다.

1922년 1월에는 1형 당뇨병을 앓던 열네 살 소년에게 인슐린을 최초로 투여해, 증상을 극적으로 개선했습니다. 그리고 토론토대학교와 미국의 제약 회사 일라이릴리는 산학 협력을 맺어 가축으로 사육하던 돼지를 이용해 인슐린을 대량으로 생산했어요. 이로써 전 세계 당뇨병 환자를 구할 길이 열리게 되었죠.

아이디어를 떠올리고 불과 3년 후인 1923년, 밴팅은 매클라우드와 함께 노벨 생리·의학상을 받았습니다. 세계적인 업적을 달성한 밴팅은 1941년 2월 비행기 추락 사고로 안타깝게 짧은 생애를 마감했어요. 그의 나이 마흔아홉이었습니다.

세계 당뇨병의 날로 지정된 11월 14일은 매년 전 세계에서 푸른빛을 점등하는 행사가 열립니다. 이날은 당뇨병 역사에 기적을 일으킨 프레더릭 밴팅이 태어난 날이에요.

존 매클라우드

유전자 공학의 성과

인슐린이 발견된 후 당뇨병 치료에 소와 돼지 같은 동물성 인슐린이 오래도록 사용되었습니다. 그런데 가축을 사용해서는 전 세계 당뇨병 환자의 수요를 장기적으로 감당하기가 불가능했죠. 당뇨병 환자 한 사람이 쓸 약을 만드는 데에만 1년에 돼지 70마리가 필요했거든요. 또 동물성 인슐린에 알레르기 반응을 일으키는 환자도 있었습니다.

1970년대 들어 유전자 공학이 발전하면서 이 문제를 해결할 길이 보였습니다. 유전자 변형 기술을 통해 사람의 인슐린을 화학적으로 합성할 수 있게 된 거예요. 유전자를 재조합한 대장균을 대량으로 배양해 인슐린을 생산하도록 하는 방법입니다.

1983년에 제약 회사 일라이릴리는 바이오 벤처 기업 제넨테크와 손을 잡고 세계 최초로 사람 인슐린 제제인 '휴물린(Humulin)'을 출시했습니다. 사람 인슐린 제제는 유전자 재조합 기술로 생산된 의약품이었어요. 이를 시작으로 수많은 의약품이 같은 방법으로 개발되었습니다.

이제는 유전자 재조합이 의약품 개발에 없어서는 안 되는 기술로 자리 잡았습니다. 이 공정을 뒷받침하는 건 다름 아닌 세균이에요. 우리 인류가 절대 만들지 못하는 물질을 세균은 식은 죽 먹듯 대량으로 생산합니다.

인슐린 제제는 그 후로도 눈부시게 발전했습니다. 다양한 유형의 인슐린 제제가 나왔고, 전 세계에서 엄청난 양이 사용되고 있죠. 물론 인슐린 제제 외에도 당뇨병 치료제가 매우 다양하게 나와서, 병의 상태에 맞게 알맞은 약을 쓰고 있어요.

그럼에도 불구하고 혈당을 완벽히 관리하는 건 정말 어려워요. 앞서 언급한 다양한 당뇨 합병증은 여전히 골칫거리죠. 한때 환자의 목숨을 빠르게 앗아 가던 1형 당뇨병도 이제는 만성 질환이 되어 잘 관리하면 일상을 유지할 수 있지만, 합병증 위험은 여전히 안고 살아야 합니다.

2019년 국제당뇨병연맹의 조사에 따르면 전 세계에서 약

4억 6300만 명, 즉 열한 명 중 한 명이 당뇨병 환자로 나타났습니다. 도시화와 고령화, 비만 증가 같은 요인이 주요한 원인으로 꼽히죠.

3000년이 넘는 긴 역사를 통틀어 보면 당뇨병과의 전쟁은 이제 막 본격적으로 시작되었다고 볼 수 있습니다.

기네스북에 등재된
진통제

진통제의 역사

'통증'은 참 불쾌한 감각입니다. 두통과 관절통, 요통… 갖가지 통증으로 진통제를 달고 사는 사람이 많죠.

진통제 수요는 예나 지금이나 변함이 없습니다. 아픔을 가라앉히기 위해 인류는 지금까지 온갖 방법을 시도해 왔어요. 그중에서도 버드나무 잎과 껍질이 통증을 줄이는 데에 효과가 있었죠. 고대 그리스와 로마 시대부터 오랫동안 버드나무는 통증과 발열을 다스리는 목적으로 쓰였습니다.

1800년대에 들어서서 버드나무의 약효 성분인 '살리실산

(salicylic acid)'이 추출되어 인공적으로 화학 합성할 수 있게 되었습니다. 살리실산이라는 이름은 버드나무의 학명인 'Salix'에서 따온 거예요.

그런데 살리실산에는 치명적인 단점이 있었습니다. 위 불편감과 구역질, 위궤양 같은 부작용이 너무 심했던 것이죠. 1890년대에 독일의 제약 회사인 바이엘에서 의약품 연구를 담당하던 펠릭스 호프만은 살리실산 개량에 착수했습니다. 류마티스 관절염을 앓던 그의 아버지가 관절통을 줄이기 위해 살리실산을 복용했다가 엄청난 부작용에 시달렸거든요.

1863년에 염료 회사로 창업한 바이엘은 1888년에 의약품 부문을 세우고 다양한 연구를 시작했습니다. 그중에서도 약의 성질을 개량해 안전성을 높이는 방법으로 '아세틸화'라는 화학 반응 연구에 자금과 인력을 적극적으로 투자했죠. 약물의 분자 구조에 '아세틸기'를 도입하는 반응입니다.

아세틸기(CH_3CO^-)는 산소 원자(O)와 두 개의 탄소 원자(C), 세 개의 수소 원자(H)가 결합한 구조입니다. 이 구조를 화학 물질에 결합하면 그 성질이 변하죠.

1897년, 호프만은 살리실산을 아세틸화하면 위장에 나타나는 부작용을 줄일 수 있다는 걸 발견했습니다. 1899년에 바

아세틸화

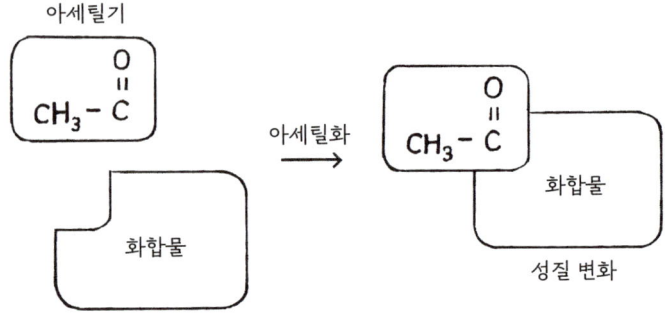

아세틸기

화합물

아세틸화

화합물

성질 변화

이엘은 이 '아세틸살리실산(acetylsalicylic acid)' 알약을 시중에 내놓았습니다. 상품 이름은 '아스피린'이었어요.

아스피린은 엄청난 인기를 끌며 날개 돋친 듯 팔려 나갔습니다. 1950년대에는 세계에서 가장 많이 팔린 진통제로 기네스북에 등재되었고, 지금도 대표적인 진통제로 약국에서 팔리고 있죠. 우리가 흔히 약국에서 사다 먹는 진통제에도 아스피린 제제가 포함되어 있습니다.

제약 회사를 먹여 살린 효자 상품이었음에도 아스피린이 어떻게 통증을 억제하는지는 오랫동안 밝혀지지 않았어요. 그 원리를 풀어낸 건 영국의 약리학자 존 베인이었어요. 아스피

린이 출시된 지 70여 년이 지
난 1971년의 일이었죠. 베인
은 이 공로로 1982년에 노벨
생리·의학상을 수상했습니다.

존 베인

통증 억제 원리

아스피린은 어떻게 통증
을 억제할까요? 원리가 약간
복잡하지만, 의대생들이 약리학 수업에서 반드시 배우고, 시
험에도 자주 나올 만큼 중요한 지식입니다.

아스피린의 주요 기능은 프로스타글란딘을 생산하는 '고
리형 산소화 효소'의 작용을 방해하는 것입니다. 프로스타글
란딘은 염증을 촉진하는 물질이에요.

예를 들어 입안이 곪을 정도로 심한 구내염이 생겼다고 해
볼까요? 그러면 헐어 버린 부위에 백혈구가 모여들어 세균과
싸우고, 구내염이 생긴 부위는 전쟁터가 됩니다. 모세 혈관이
확장해 혈액이 집중되면서 벌겋게 붓고 열감도 느껴지죠. 백
혈구와 함께 혈관 내 액체가 혈관 벽을 통과해서 삼출액이 되
고, 이것이 백혈구 사체와 섞여 끈적끈적한 고름이 됩니다. 그

러면 브래디키닌이라는 통증을 일으키는 물질이 생산되어 상처 부위가 쿡쿡 쑤시고 쓰리며 불쾌한 느낌이 들어요. 이 일련의 증상이 '염증'입니다.

프로스타글란딘은 이 과정을 촉진하는 방향으로 작용합니다. 또 뇌의 시상 하부에 있는 체온 조절 중추에 작용하여 체온을 올려요. 몸에 심한 염증이 생겼을 때 열이 난 경험을 떠올리면 이해가 쉽습니다.

반대로 아스피린으로 프로스타글란딘 생산을 억제하면 이 과정이 방해를 받아 제대로 작동하지 않습니다. 필연적으로 통증이 줄어들고 열이 내리죠. 아스피린이 '해열 진통제'로 통하는 이유입니다.

오늘날 널리 사용되는 해열 진통제는 록소프로펜, 이부프로펜, 디클로페낙 등이 있어요. 이 약들은 아스피린과 같은 작용을 하며, '비스테로이드성 항염증제'라 부릅니다. 진통과 해열 모두 이러한 약의 작용을 나타내는 용어죠.

살리실산은 위장에 나타나는 부작용이 심했습니다. 부작용을 줄였다고는 해도 아스피린에도 같은 부작용이 있어요. 위와 십이지장 궤양(합쳐서 '소화성 궤양')은 비스테로이드성 항염증제에 공통적으로 나타나는 부작용입니다. 진통제를 복용했다가 위가 더부룩하며 속이 쓰리거나 부대끼는 증상을 겪어본 사람이 많을 거예요.

이 부작용 또한 프로스타글란딘 생산을 방해해서 생깁니다. 프로스타글란딘은 위와 십이지장 점막을 보호하는 작용을 하거든요. 위산이 분비되는 위는 아주 강한 산성 환경입니다. 비스테로이드성 항염증제로 프로스타글란딘 작용이 억제되면, 점막 보호 기능이 약해지며 위산이 위와 십이지장의 벽에 상처를 내죠. 그야말로 아랫돌 빼어 윗돌 괴는 상황입니다. 프로스타글란딘도 당연히 몸에 없어서는 안 되는 물질이거든요.

그래서 비스테로이드성 항염증제를 오래 복용할 때는 위 보호제로 궤양을 예방할 필요가 있습니다. 물론 아무 약이나 쓰지는 않습니다. 비스테로이드성 항염증제를 장기간 사용할 때 소화성 궤양 예방 효과가 증명된 약물은 프로톤 펌프 저해제, 프로스타글란딘 제제, H_2 수용체 길항제 계열 약물입니다.

이러한 부작용에도 불구하고 아스피린은 탁월한 효능으로 의학 역사를 뒤바꾸어 놓았습니다. 본래 '아스피린'은 상품명이었는데, 지금은 아예 일반 명사처럼 사용될 정도로요. 스테이플러를 호치키스라 부르고, 수성펜을 사인펜이라 부르듯 상품명이 너무 유명해져서 일반 명사로 굳어진 경우입니다.

아스피린의 개발 비화에는 호프만의 아버지에 대한 효심이 미담으로 빠지지 않고 등장하는데, 이 이야기가 진실이 아니라는 지적도 있습니다. 제약 업계에 정통한 연구자인 도널드 커시는《인류의 운명을 바꾼 약의 탐험가들》이라는 책에서 진짜 공로자는 유대인 연구자인 아르투어 아이헨그륀이라고 주장했습니다. 아이헨그륀은 아스피린 개발에 관여한 핵심 인물로, 바이엘의 운명을 바꾼 장본인이었지만 유대인이었던지라 그의 공을 나치가 은폐했다는 이야기입니다.

역사를 뒤바꾼 신약의 개발은 많은 연구자의 노력과 지혜가 합쳐지며 이룬 합작품입니다. 어느 약이든 오직 한 사람의 아이디어만으로 만들어지지 않아요. 역사에 이름이 남지 않은 많은 연구자들의 피땀 어린 노력이 뒷받침하고 있으니까요.

제 4 장

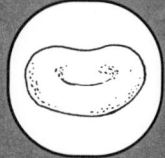

잘 모르는
건강 상식

우리가 아는 것은
아직 알지 못하는 것에 비하면 지극히 적다.

윌리엄 하비(의사, 생리학자)

자기 혈액형을
알 필요는 없다

혈액형 신고의 불가사의

신기하게도 일본에서는 일상 곳곳에서 자기 혈액형을 알려야 합니다. 마라톤 신청서, 선수 번호표, 어린이집이나 학교에 제출하는 서류, 재난 가방(구급 용품과 비상식량 등을 미리 준비한 가방으로, 현관 근처에 두었다가 피난 명령이 내려지면 가지고 나간다. -옮긴이)에까지 혈액형을 적는 칸이 있죠.

다른 나라에서는 이만큼 혈액형 정보를 요구하지도 않고, 적절한 답을 듣기도 어렵습니다. 대다수가 자기 혈액형을 모르거든요.

그렇다면 이 혈액형 정보는 도대체 어디에 쓰이는 걸까요? 다쳐서 급하게 수혈이 필요할 때 도움이 될 수도 있겠다고 생각한다면 오산이에요. 수혈 전에는 반드시 혈액 검사로 혈액형을 확인하거든요. 병원에 따라 다르지만, 일반적으로 검사 결과는 몇 분이면 나와요. 그리고 환자의 혈액과 혈액 제제 일부를 섞어 보고 이상 반응이 나타나는지를 확인하는 '교차 적합 검사(cross-matching)'도 필수적으로 거칩니다.

만약 환자 본인이 "저는 A형이에요."라고 주장해도 절대 이 검사를 생략하지 않습니다. 설사 같은 병원에서 예전에 혈액 검사를 받은 적이 있는 사람이라, 혈액형을 확실히 알더라도 수혈 전 검사는 반드시 실시됩니다.(일부 예외적인 상황을 제외하고요.)

왜 굳이 번거롭게 또 검사를 할까요? 잘못해서 다른 혈액형을 수혈하면 목숨을 위협하는 '부적합 수혈 반응'을 일으킬 수 있기 때문입니다. 이토록 중요한 정보를 환자의 자진 신고에 의존할 수는 없어요.

대부분은 출생 시 받은 검사 결과를 바탕으로 자기 혈액형을 알고 있습니다. 그런데 출생 직후 이루어지는 혈액형 검사는 정확하지 않아요. 평생 A형이라고 알고 있던 사람이 난생 처음으로 수술을 받게 되어 검사했더니 B형이라고 나오는 경우도 있습니다. 자진 신고를 100퍼센트 믿을 수 없는 까닭입니다.

그렇다면 과다 출혈 환자가 실려 왔는데 혈액형 검사를 할 여유가 없을 정도로 긴급하다면 어떻게 할까요? 이때는 어쩔 수 없이 본인의 자진 신고를 믿어야 할까요?

물론 이 경우에도 자진 신고를 따르는 법은 없습니다. 어쩔 수 없이 O형 혈액 제제를 사용하죠. 환자가 어떤 혈액형이든 심각한 반응을 일으키지 않을 확률이 높기 때문입니다. 이처럼 설령 긴급 사태라도 환자가 말하는 혈액형에 따라 수혈을 하진 않습니다.

최근에는 이러한 현장의 의견을 반영해 출생 시 신생아에게 혈액형 검사를 하지 않는 의료 기관도 많습니다. '그래도 내가 부모인데, 내 아이 혈액형 정도는 알고 있어야지.' 생각할 필요가 없어요. 필요한 상황에서 검사하면 충분하거든요. 참고로 이 책을 쓰는 저도 제 아이의 혈액형을 모르니, 걱정하지 마세요.

종류가 다양한 혈액형

1900년, 오스트리아의 카를 란트슈타이너가 혈액형이 존재한다는 걸 발견하기 전까지 부적합 수혈로 인한 사고가 잦았습니다.

란트슈타이너는 사람의 혈청에 다른 사람의 적혈구를 섞으면, 응집(혈액 입자가 모여 덩어리가 지는 현상)되어 적혈구가 파열되는 사례와 그렇지 않은 사례가 있다는 걸 깨달았어요. 그리고 수많은 샘플을 조합해서 각각 반응을 확인하고, 사람에게는 A, B, C, 이렇게 세 종류의 혈액형이 존재한다는 결론에 도달했습니다. 후속 연구에서 네 번째 종류인 AB형이 발견되었고, C는 O형이라고 부르게 되었죠.

혈액형이란 원래 적혈구 표면에 존재하는 항원의 종류를 일컫습니다. 세포 표면에 자잘한 돌기처럼 무언가가 돋아 있다고 상상하면 이해하기 쉬워요. 수혈할 때 가장 중요한 이 '돌기'는 A, B, O와 두 가지 유형의 Rh가 있습니다.

A형 적혈구에는 A항원, B형 적혈구에는 B항원, AB형에는 A항원과 B항원 둘 다 있으며, O형에는 어느 항원도 없습니다. 반면 A형 혈청에는 항B항체가, B형 혈청에는 항A항체가, O형 혈청에는 두 항체가 모두 있고, AB형에는 두 항체 모두 없죠.

A형	**B**형
항B항체 A항원	항A항체 B항원
O형	**AB**형
항A항체 항B항체	A항원 B항원

카를 란트슈타이너

이렇게 적어 놓고 보니 무척 복잡하게 느껴지는데, 결론은 간단합니다. 우리는 본인의 항원에 반응하지 않는 항체만 가지고 있습니다. 항체와 항원은 열쇠와 열쇠 구멍의 관계로, A항체는 항A항체와 B항체는 항B항체와 반응하고 응집해 적혈구가 파괴됩니다.

따라서 A형 환자에게 B형 적혈구를 수혈하거나, B형 환자에게 A형 적혈구를 수혈하면 적혈구 항원과 항체가 응집해 파괴되고 맙니다.

한편 O형 적혈구라면 누구를 상대로도 응집하지 않습니다. O형 적혈구에는 A항원도 B항원도 없으니까요. C형이 아닌 O형 된 이유도 여기 있습니다. 어느 항원도 없다는 '0'을 뜻하거든요.

이 발견은 안전한 수혈 보급에 매우 중대한 역할을 했습니다. 1930년, 란트슈타이너는 이 공로를 인정받아 노벨 생리·의학상 수상자가 되었습니다.

Rh의 발견

A, B, O에 A와 B라는 두 가지 항원이 있듯, Rh에도 C, c, D, E, e 등 40종류가 넘는 항원이 있습니다. 그중에서도 D항원이 있는 경우를 Rh 양성(Rh+), 없는 경우를 Rh 음성(Rh-)이라고 부르는데, 부적합 수혈에서 강한 거부 반응을 일으키는 현상이 바로 D항원 때문입니다.

Rh식 혈액형 또한 란트슈타이너가 발견했습니다. ABO식 혈액형을 발견하고 40년 후의 일이었죠. Rh는 붉은털원숭이(Rhesus monkey)의 머리글자로, Rh를 붉은털원숭이의 혈액에서 발견했기 때문입니다. 참고로 일본인은 Rh 음성이 적어, 0.5퍼센트밖에 되지 않아요.(한국인은 약 0.3퍼센트 - 옮긴이) 반면 백인은 15퍼센트가 Rh 음성 혈액형이라고 합니다.

그 밖에도 여러 분류가 있습니다. MNS 혈액형, P형 혈액형, Lewis 혈액형, Kell 혈액형, Diego 혈액형 등 몇 가지만 소개해도 지면이 부족하죠. 희귀한 혈액형이라면 ABO와 Rh가 일치해도 부적합 수혈이 일어날 수 있습니다.

혈액형별 성격 유형 검사

혈액형이라는 딱히 알 필요가 없는 의학 정보를 왜 일본을 비롯한 특정 국가에서는 외우고 있을까요? 비단 본인의 혈액형만이 아닙니다. 가족이나 지인, 동료나 상사의 혈액형까지 아는 사람도 있죠. 어찌 보면 괴담 같은 이야기입니다.

그 이유는 어쩌면 그 나라들에서 혈액형별 성격 검사가 널리 퍼졌기 때문일 수 있습니다. 물론 혈액형과 성격에 연관 관계가 있다는 과학적 근거는 없습니다.

혈액형의 원리를 알면 적혈구 표면의 항원이 성격과 관련 있다는 주장이 얼마나 황당한지를 알 수 있습니다. '너는 ○형이니까 ○○한 성격이겠다.'라는 말을 주위 사람에게 자주 듣다 보니 인격 형성에 영향을 주었을 가능성을 부정할 수 없습니다.

혈액형으로 이 사람은 저렇고, 저 사람은 저렇다고 꼬리표를 달고 싶어하는 사람이 많습니다. 아직도 일본에서는 텔레비전이나 잡지에서 'O형은 성실하다', 'A형과 B형의 궁합은?' 따위의 얼토당토않은 기획이 끊임없이 쏟아져 나옵니다.

타인의 됨됨이는 직접 만나서 이야기하고, 함께 시간을 보내며, 속내를 터놓고 나서야 비로소 가늠할 수 있습니다. 안타깝게도 혈액형 검사로 알아낼 방법은 없습니다.

식락에 오르는 위험한 기생충

위와 장을 뚫는 고래회충

인간에게 감염되는 기생충이라고 하면 무엇이 떠오를까요? 진드기나 이는 잘 알 겁니다. 지금은 감염되는 경우가 줄어서 하지 않지만, 예전에는 학교에서 이 검사를 하기도 했어요. 그런데 흔하지만 의외로 알려지지 않은 기생충이 있습니다. 바로 고래회충이에요.

고래회충은 2~3센티미터 정도 되는 길쭉한 실처럼 생긴 기생충입니다. 전갱이, 고등어, 꽁치, 가다랑어, 연어, 정어리, 오징어 등 많은 어패류에 기생하죠. 어쩌면 마트에서 사 온 생선에 딸려 올 수도 있어요.

이 기생충이 어쩌다 몸속에 들어가면 위와 장을 파고 들어가서 심한 염증을 일으키고, 참을 수 없을 정도로 격렬한 통증을 일으킵니다. 고래회충에 감염되는 질환을 '고래회충증'이라 불러요.

익히지 않은 어패류를 즐겨 먹는 일본에서는 고래회충증이 연간 7000건 넘게 발생합니다. 전국 각지에서 매일 많은 사람이 심각한 복통을 호소하며 병원으로 이송되고, 긴급 내시경 검사로 기생충을 제거하는 치료를 받아요.

고래회충증은 대부분 위에서 일어나지만, 가끔 소장에서 생기기도 합니다. 이 경우 '장 고래회충증'이라 불러요. 위 고래회충증은 식후 몇 시간 안에 일어나는 사례가 많은데, 장 고래회충증은 발병까지 수십 시간에서 며칠이 걸립니다. 먹은 음식과 함께 소장에 고래회충이 도달하는 데 그 정도 시간이 걸리기 때문이죠.

다 큰 어른이 배를 부여잡고 데굴데굴 구를 정도로 심한 복통이 특징인데, 구역질과 구토 같은 증상이 함께 나타나기도 합니다. 또 5퍼센트 정도로 낮은 빈도이긴 하지만, 두드러기나 호흡 곤란 같은 알레르기 증상이 나타나는 경우도 있고

열이 나는 등 전신 반응을 일으키기도 해요.

위 고래회충증 치료는 위내시경으로 검사하며 기생충을 하나하나 제거하는 방식으로 이루어집니다. 내시경 카메라를 통해 위 점막에 파고들려고 꿈틀대는 실처럼 생긴 기생충을 확인할 수 있죠.

한편 장 고래회충증은 기생충 제거가 까다롭습니다. 일반적인 위내시경으로 관찰할 수 있는 범위는 십이지장 입구가 한계라 소장 깊숙한 곳까지는 닿지 않거든요. 그렇다고 치료하지 않고 내버려둘 수는 없습니다.

사실 고래회충은 일주일 정도 지나면 저절로 사멸합니다. 인간은 원래 고래회충이 기생할 수 있는 숙주가 아니라서 사람 몸속에서는 오래 살아남을 수 없거든요. 우리가 실수로 고래회충을 섭취했듯 고래회충도 실수로 인간의 몸에 들어온 셈입니다.

그래서 진통제 같은 약을 처방하고 증상을 가라앉히며 호전되기를 기다립니다. 다만 아주 드물게 장폐색이나 장 천공 같은 심각한 증상이 나타나기도 해서, 신중하게 경과를 살펴봐야 합니다.

고래회충 감염 예방법

고래회충 감염을 예방하려면, 일단 '고래회충을 먹지 않는 방향'으로 초점을 맞춰야 합니다. 고래회충은 유충이 길이 2~3센티미터, 굵기 0.51밀리미터로 기생충 중에서는 거대한 축에 속해서 맨눈으로도 그 존재를 확인할 수 있습니다.

세균과 바이러스 감염이 무서운 이유는 적의 모습을 맨눈으로 볼 수 없다는 점에 있습니다. 그런데 고래회충을 비롯한 기생충은 눈을 부릅뜨고 꼼꼼히 살피면 보이는 경우가 많습니다. 먹기 전에 생선을 찬찬히 관찰하면 고래회충을 골라낼 수 있어요.

고래회충증에 걸린 환자의 10~20퍼센트에서 고래회충이 두 마리 이상 발견된다고 알려져 있습니다. 예전에 일본의 한 연예인이 연어와 연어알이 올라간 덮밥을 먹고 위 고래회충증에 걸렸는데, 무려 여덟 마리의 고래회충이 발견되어 희귀한 사례로 보도된 적이 있었습니다. 어패류를 먹을 때 고래회충을 주의하겠다는 마음가짐이 없으면, 재수가 없을 경우 여러 마리를 꿀꺽 삼키게 될 수도 있습니다. 우스갯소리처럼 들릴 수 있지만, 당사자는 극심한 복통에 시달리며 데굴데굴 구를 정도로 고생하게 됩니다.

고래회충은 고온과 저온에 모두 약하다는 특징이 있습니다. 60도에서 1분 이상, 혹은 100도 이상으로 가열하면 순식간에 죽습니다. 또 마이너스 20도에서 24시간 이상 보관하면 사멸하죠. 반면 산에 강해서 식초에 절이는 정도로는 죽지 않습니다. 코를 톡 쏘는 정도로 매운 고추냉이에 푹 찍어 먹어도 살아남아요.

우리는 먹고 마실 때 무방비 상태가 되기 쉽습니다. '이물질을 우리 몸속에 집어넣는' 아주 중요한 순간인데도, 식욕에 몸을 맡기고 주의를 게을리하며 음식을 덥석덥석 입에 넣곤 하지요.

배를 부여잡고 병원에 실려 가는 불상사를 막으려면, 우리가 먹는 음식에 숨어 있는 흔한 불청객 정도는 알아 둬야 하지 않을까요?

최강의 맹독
보툴리누스

매우 강력한 신경독

집에 꿀이 들어간 식품이 있다면, 한번 포장지의 성분 표시를 꼼꼼히 살펴보세요. 아마 '1세 미만의 유아에게는 먹이지 말 것'이라는 표시가 되어 있을 겁니다. 유아가 벌꿀을 먹으면 보툴리누스균이 일으키는 식중독에 걸릴 위험이 있기 때문이에요.

보툴리누스균은 토양이나 하천 같은 자연에 널리 존재하는 세균입니다. 이 세균이 만들어 내는 '보툴리누스 독소'는 극도로 강력한 신경독이죠.

보툴리누스균은 어른의 장 속에 들어오면 다른 장내 세균과의 생존 경쟁에 밀려 별다른 문제를 일으키지 않습니다. 그런데 장내 환경이 덜 발달한 유아의 경우, 보툴리누스균이 장 속에 번식하여 독소를 생산하면 위중한 상태가 될 수 있어요. 이를 '영아 보툴리누스 중독'이라 부릅니다. 신경이 마비되어 온몸의 근력이 저하되니 젖을 빠는 힘이 떨어지고, 목을 가누지 못하게 되죠. 심하면 호흡이 멈추어 치명적인 상태에 이르기도 하는 무서운 식중독입니다.

첫돌을 넘기면 대체로 벌꿀은 별 탈 없이 먹일 수 있는데, 설령 어른이라도 보툴리누스 독소가 대량으로 포함된 식품을 먹으면 식중독에 걸립니다.

일본에서는 1984년 6월에 일어난 가라시렌콘(연근 구멍 안에 물에 갠 겨자를 채우고 튀김옷을 입혀 튀긴 요리 - 옮긴이) 식중독 사건이 유명합니다. 지역 특산품인 가라시렌콘을 가정에서 손쉽게 먹을 수 있도록 진공 포장한 상품을 사 먹은 소비자 중 14개 지역에 걸쳐 36명이 식중독에 걸리고 11명이 사망하는 대규모 사건이었습니다.

환자들은 신경독으로 팔다리가 마비되고, 사물이 이중으로 겹쳐 보이고, 기억력이 저하되는 증상을 보였어요. 증상이 심각한 환자는 호흡이 곤란해져 사망했습니다.

그 밖에도 토란 통조림, 그린 올리브 병조림, 레토르트 하이라이스 등 다양한 식품이 식중독 사고를 일으킨 사례가 보고되었습니다.

여기까지 읽고 '어라?' 하고 이상한 기분을 느낀 분도 있을 거예요. 통조림이나 병조림, 레토르트 식품은 외부 공기와 접촉하지 않도록 처리한 보존 식품입니다. 그래서 안전하게 장기 보관할 수 있는 상품이라는 인식이 있죠. 그런데 여기에 우리가 빠지기 쉬운 함정이 있습니다.

우리 인간을 포함해 많은 동물은 산소 없이는 살 수 없습니다. 그런데 세균 중에는 생존에 산소가 필요하지 않은 종류도 많아요. 이를 '혐기성 세균'이라 부릅니다. 혐기성 세균은 대기 중에 포함된 산소 농도에 노출되면 사멸하는 '편성 혐기성 세균'과 산소가 있어도 살 수 있는 '통성 혐기성 세균'으로 나눌 수 있습니다. 그중 편성 혐기성 세균은 생존에 산소가 필요하지 않을 뿐 아니라, 산소가 있으면 아예 살 수 없습니다. 쉽게 말해 산소가 독인 셈이죠.(종류에 따라 어느 정도 농도까지는 버티는 세균도 있습니다.)

38억 년 전의 지구

원래 산소는 생물에게 유독한 물질입니다. 우리가 산소를 쓸 수 있는 건 해로운 활성 산소의 독성을 없애고 처리할 수 있는 시스템이 체내에 갖춰져 있기 때문이에요.

약 38억 년 전, 무산소 상태의 지구에 최초로 탄생한 생물은 당연히 산소를 이용할 필요가 없었습니다. 그 후로 지구에 산소가 증가함에 따라 생물은 산소를 이용해서 에너지를 생성하는 능력을 갖추게 되었죠. 편성 혐기성 세균이 '산소가 있으면 살 수 없다'기보다 우리가 (원래 독성이 있는) 산소가 있어도 살 수 있는 것뿐입니다.

눈치 빠른 분들은 짐작했겠지만, 보툴리누스균은 편성 혐기성 세균입니다. 다시 말해 보존 식품의 진공 상태는 오히려 보툴리누스균이 활개를 치기 좋은 환경이죠. 포장 안에서 보툴리누스균이 번식하고 독소가 잔뜩 만들어져, 이 식품을 먹으면 식중독에 걸립니다.

또한, 보툴리누스균은 포자를 형성한다는 특징이 있습니다. 포자는 말하자면 껍데기 속에서 겨울잠에 빠진 상태를 만들어 줍니다. 그래서 혹독한 환경에서도 내성이 매우 강하죠. 알코올 같은 소독제로도 사멸되지 않고, 심지어 100도에서 장시간 끓여도 살아남습니다.

보툴리누스 포자를 죽이려면 120도에서 4분 이상 가열해야 합니다. 이렇게 가열 처리된 레토르트 식품과 가열 처리되지 않은 진공팩에 담긴 식품은 성분 표시를 꼼꼼히 살피지 않으면 헷갈리기 쉬워요. 전자는 상온에서 장기 보존할 수 있지만, 후자는 반드시 냉장 보관해야 하며 일반적으로 유통기한이 길지 않습니다.

포자와 달리 보툴리누스 독소 자체는 열에 약해서 80도에서 30분 가열하면 독성이 없어집니다. 즉, 우리가 두려워해야 할 대상은 포자예요. 영아 보툴리누스 중독은 장내에 들어간 포자가 발아해서 증식해 독소를 생산한다고 추정됩니다.

참고로 보툴리누스 독소를 치료에 활용하는 방법도 있어요. 바로 보톡스 치료입니다. 얼굴이나 눈꺼풀 경련, 뇌경색 후유증으로 팔다리 경직(근육이 지나치게 수축해 팔다리가 뻣뻣해져 잘 움직이지 않는 상태)이 생긴 경우에 신경 작용을 억제하는 효과를 노리고 보톡스를 처방하죠. 또 주름 제거 시술처럼 미용 목적으로도 보톡스를 활용합니다.

미생물이 지닌 기능을 적절하게 활용하는 건 인류의 특기입니다. 항생제도, 유전 공학을 이용한 제약도 마찬가지죠. 인류는 독을 약으로 바꾸는, 자연계 최강의 응용 능력을 보유한 동물입니다.

자연계에 존재하는 맹독

보툴리누스 독소는 자연계에서 최강의 맹독으로 알려져 있습니다. 다음 장에 나오는 표의 숫자는 '50퍼센트 치사량: 실험동물에게 투여하면 절반이 사망하는 양($μg/kg$)'으로, 수치가 작을수록 독성이 강합니다. 내용을 보면 보툴리누스 독소가 가장 독성이 강하고, 다음이 파상풍 독소, 이질을 일으키는 베로 독소, 복어 독인 테트로도톡신이 뒤를 잇습니다.

파상풍균이 일으키는 파상풍 독소도 강력한 신경독이에요. 보툴리누스균과 같은 클로스트리디움속에 속하는 편성 혐기성 세균으로, 주로 흙 속에 포자 상태로 광범위하게 존재합니다. 그러다 상처를 통해 몸속으로 들어가 산소가 부족한 환경에서 발아해 독소를 생성하죠.

파상풍 독소는 보툴리누스 독소와 반대로 신경을 과도하게 활성화시킵니다. 개구 장애(입을 벌리기 힘들어지는 증상), 연하 곤란(음식물을 삼키는 데 어려움을 겪는 증상), 심한 경련 등을 일으키죠. 적절한 치료가 없으면 사망할 수 있습니다.

자연계의 맹독

(μg/kg)

독 이름	50% 치사량
보툴리누스 독소	0.0003
파상풍 독소	0.0017
베로 독소(이질균 독소)	0.35
테트로도톡신(복어 독)	10
다이옥신	22
바다뱀 독	100
아코니틴(투구꽃 독)	120
사린	420
코브라 독	500
사이안화 칼륨(청산가리)	10000

출처 : 《독과 약의 과학》, 후나야마 신지, 2007

파상풍은 예방 접종으로 발병을 막을 수 있습니다. 일본에서는 2011년 동일본 대지진 때 10명이 파상풍에 걸렸는데, 대부분 백신 접종을 받지 않은 고령자였어요.

백신을 맞으면 파상풍 독소에 항체가 생겨 몸을 지킬 수 있습니다. 하지만 백신 접종 후에도 나이를 먹으며 혈액 속에서 항체의 양이 줄어들어, 파상풍 저항력이 떨어져요. 그래서 상처 오염이 심한데 마지막 접종으로부터 10년 이상 지났다면 다시 백신을 접종하는 게 좋습니다.

날고기에 관한 오해

신선한 날고기는 괜찮다?

'신선한 고기는 익히지 않고 먹어도 탈이 나지 않는다'는 오해가 좀처럼 사라지지 않습니다. 육고기는 충분히 가열하지 않으면 아주 높은 확률로 탈이 날 위험이 있어요. 식중독 위험은 신선도와 무관하거든요. 우리 몸과 마찬가지로 동물들도 다양한 미생물과 공존하기 때문입니다.

국가 차원에서도 정기적으로 날고기와 충분히 가열하지 않은 고기의 위험성을 알리는 데 열심입니다. '고기는 충분히 익혀 먹읍시다'라고 홍보하지요. 왜 고기를 익히지 않고 먹으

대단한 인체

면 위험할까요?

우리 장과 마찬가지로 소나 돼지, 닭 같은 가축의 장 안에도 수많은 세균이 서식합니다. 그중에는 인간에게 해로운 세균도 있어요. 식육 처리장에서 고기를 가공할 때 이 세균들이 고기 표면에 붙을 수도 있습니다.

특히 다짐육을 익히지 않고 먹으면 위험합니다. 햄버거 패티 같은 경우, 중심부까지 충분히 익혀야 하고요. 고기를 갈거나 다지는 과정에서 원래 표면이었던 부분과 아닌 부분이 섞이며 세균도 골고루 섞이기 때문이에요.

식중독을 일으키는 빈도가 높은 세균은 장 출혈성 대장균, 살모넬라세균, 캄필로박터균, 리스테리아균 등이 있어요. 특히 최근 캄필로박터균에 의한 식중독이 자주 일어나는데, 일본에서만 연간 2000명 정도가 이 식중독에 걸립니다. 세균성 식중독 중에서는 가장 많은 수치죠. 특히 익히지 않은 닭고기 위험도가 높은데, 닭고기의 60퍼센트 정도가 캄필로박터균에 오염되어 있다는 조사 결과도 있을 정도예요.

2016년 5월 일본 도쿄와 후쿠오카에서는 닭고기 안심 초밥을 먹은 사람들이 600명 넘게 캄필로박터 감염증에 걸렸습니다. '신선함'을 강조한 상품이었다는데, 아무리 신선하더라도 애초에 고기에 세균이 붙어 있으면 식중독에 걸릴 수 있어요. 익히지 않은 고기와 덜 익힌 고기를 피하는 방법 말고는 식중독을 예방할 방법은 없습니다.

장 출혈성 대장균은 더욱 위험합니다. 아주 미량(수치로 따지면 50마리 정도)만 몸에 들어가도 발병하죠. 베로 독소(verotoxin)라는 강력한 독소가 생산되기 때문입니다. 그러면 심각한 위장염을 일으키고 나서 6~7퍼센트가 용혈성 요독 증후군(Hemolytic uremic syndrome, HUS)이나 뇌 병증(encephalopathy)으로 발전합니다. 용혈성 요독 증후군은 온몸에 심각한 염증을 일으켜 적혈구가 파괴되고, 혈소판이 감소해 급성 신부전과 같은 합병증을 일으켜요. 치사율이 1~5퍼센트나 되는 무서운 질병입니다.

참고로 '대장균' 자체는 대장에 사는 세균을 아울러 이르는 용어로, 인간 대부분의 장내에서 공생하는 세균입니다. 인간이 섭취하면 위장염을 일으키는 대장균은 '병원성 대장균'이라 불러요. 그중 하나로 장 출혈성 대장균이 있는 것이죠. 자세히 들어가면 복잡하지만, 장 출혈성 대장균 또한 대표적인 이름이고, 그 안에 여러 종류가 포함되어 있다는 정도로 이해하면 충분합니다.

대장균을 분류할 때 O와 H라는 두 종류의 항원 유형으로 표현하는 방법이 있습니다. 이 방법을 적용하면 특정 대장균을 지목할 수 있어요. 예를 들어 장 출혈성 대장균 중 157번째로 발견되었고 O 항원을 가진 'O-157'이 있습니다. 더 정확하게는 일곱 번째 H 항원을 가진 세균(O-157 : H7)과 H 항원을 가지지 않은 세균(O-157 : H-), 두 종류가 존재하죠.

O-157이 일으키는 식중독은 일본에서만 매년 수백 명 단위로 발생합니다. 1996년에는 한 초등학교에서 학교 급식이 원인으로 보이는 집단 식중독이 발생해, 700명이 넘는 학생이 감염되었고 세 명이 사망했습니다.(후유증으로 19년 후에 사망한 피해자를 포함하면 네 명입니다.) 이때 과학적 근거가 불충분한 단계에서 원인 식재료로 무순이 의심되었습니다. 과열 보도로 전국 마트 매대에서 무순이 사라지는 대소동이 벌어졌죠. 결과적으로는 확실한 원인 식재료를 규명하지 못했습니다.

2011년에는 고기구이 체인점에서 장 출혈성 대장균 O-111이 원인인 집단 식중독이 발생하여, 1818명이 감염되고 아홉 살 이하 어린이 두 명을 포함해 다섯 명이 사망했습니다. 원인은 소고기 육회였습니다.

익히지 않은 고기를 먹고 식중독에 걸렸다고 하면 위염이나 장염을 떠올리는 사람이 많은데, 실제로는 가벼운 위염이나 장염으로 끝나지 않을 때도 있습니다. 돼지나 멧돼지, 사슴에서 많이 발견되는 E형 간염 바이러스에 감염되어, 혈액이나 간 속에 바이러스가 침투할 수 있죠. 이 바이러스 역시 고기에 붙어 있을 위험이 있어요. 날로 먹으면 간염에 걸릴 수 있는 겁니다. E형 간염은 때로 증상이 심해져 사망에 이르기도 하는 중대 감염병입니다.

식중독을 예방하는 방법

식중독은 음식을 충분히 익히면 예방할 수 있습니다. 대개 병원체는 75도에서 1분 이상 가열하면 사멸하기에, 충분히 가열하는 과정이 중요해요. 특히 어린아이, 어르신, 임신부는 중증으로 발전할 우려가 있으니 더 조심히 살펴야 합니다.

거기다 장 출혈성 대장균은 익히지 않은 고기뿐 아니라 생채소 같은 식재료에도 있을 수 있어요. 그래서 앞선 초등학교 집단 식중독 사고에서도 무순을 의심한 거죠. 무순 말고도 양배추, 오이, 멜론 등 다양한 식품에서 식중독 사고가 발생한 사례가 있습니다. 동물과의 접촉과 분변 오염 등이 원인으로 추정됩니다. 장을 보고 돌아오면 바로 냉장 보관하고, 날고기를 자른 칼과 도마는 반드시 깨끗하게 세척하고 소독한다는 위생 관념이 필요합니다.

임신 중에는 특히 익히지 않은 음식을 조심해야 합니다. 리스테리아 감염증에 걸릴 위험이 있거든요. 리스테리아균은 태반을 통해 태아에게 감염될 수 있는데, 유산이나 사산, 신생아 감염 등 중증 합병증으로 이어질 수 있습니다.

임신부를 위한 자료에 보면 리스테리아 식중독을 조심하기 위해 피해야 할 식품으로 생햄, 훈제 연어, 고기와 생선 파테(자투리 고기나 간, 생선 살 등을 갈아서 밀가루 반죽을 입혀 오븐에 구운 프랑스 요리-옮긴이), 가열 및 살균되지 않은 천연 치즈가 나와 있습니다. 익히지 않은 고기 이외에 이러한 가공 식품을 피할 필요가 있죠.

우리는 다양한 동물의 고기를 먹고 살아갑니다. 동물들은 인간처럼 엄청난 수의 미생물과 공생하죠. 당연히 어떤 동물에게는 해롭지 않은 세균이 인간에게는 해로울 수 있습니다. 그러니 '고기는 충분히 익혀서 먹자'는 말을 가슴에 새겨 두고 실천합시다.

방심은 금물,
이코노미 클래스 증후군

혈전이 폐를 막다

한일 월드컵을 목전에 둔 2002년, 국가 대표였던 다카하라 나오히로 선수가 이코노미 클래스 증후군에 걸렸다는 뉴스가 일본을 강타했습니다. 다카하라 선수는 폴란드에서 대표전을 마치고 프랑스를 거쳐 일본으로 귀국하는 일정이었는데, 프랑스까지 약 3시간을 좁은 기내에서 보내고 공항에 도착했을 때 갑작스러운 가슴 통증을 느꼈다고 해요. 경기 후 탈수 상태도 발병 위험을 높이는 요인으로 작용했습니다.

체력이라면 일반인보다 훨씬 뛰어난 국가 대표 선수가 이코노미 클래스 증후군에 걸렸다는 소식이 보도되며, 이 병이 널리 알려졌습니다. 제가 병원에서 이코노미 클래스 증후군을 설명하면 환자 중 열에 아홉이 병명을 알고 있어 놀랄 때가 많습니다. 전문가가 아니면 알기 힘든 병명이 뜻밖의 사건으로 일반에 널리 알려지게 된 거죠.

이코노미 클래스 증후군은 좁은 비행기 좌석 등에서 장시간 앉아 있으면 다리 정맥 혈류가 정체되어 혈전(피떡)이 생기고, 일어났을 때 혈전이 이동해 폐혈관을 막으며 일어나는 질병입니다. 다리 정맥 안에 혈전이 생긴 상태를 '심부 정맥 혈전증'이라 부르며, 이 혈전이 폐로 옮겨가 혈관을 막는 질환을 '폐 색전증'이라 합니다.

폐동맥이 막히면 폐에 혈류가 유지되지 않아 가스 교환(산소를 받아들이고 이산화 탄소를 배출하는 일)이 방해를 받습니다. 급성 폐 통증, 호흡 곤란, 가슴 두근거림 등의 증상이 나타나며 실신하기도 해요. 또 크기가 큰 혈전이 굵은 동맥 깊은 곳을 막으면 급성 '심장 기능 상실(심부전)'이 발생해 급사할 수도 있습니다.

그래서 비행기 안에서는 반드시 정기적으로 몸을 움직여주고 수분을 보충해야 합니다. 장시간 비행으로 생길 수 있는 이코노미 클래스 증후군을 예방하기 위해서요.

프랑스의 샤를 드골 공항에 내린 승객을 대상으로 실시한 7년 동안의 조사에 따르면 거리가 1만 킬로미터 이상인 비행에서 100명당 4.8명이 폐 색전증을 일으켰는데, 5000킬로미터 미만에서는 0.01명으로 매우 적었습니다.(1만 킬로미터는 인천 공항에서 미국 시카고 정도의 거리이며, 인도 뉴델리까지가 약 5000킬로미터다. ─ 옮긴이)

비율로 따지면 얼마 안 되는 수치로 보이지만, 승객 일정 수가 이 증후군을 경험하고 때로 목숨을 잃을 수도 있다고 생각하면 최대한 대책을 세우는 게 바람직합니다.

물론 이코노미 클래스 증후군은 이름과 달리 다른 등급 좌석에서도 일어날 수 있습니다. 비즈니스 클래스나 퍼스트 클래스 승객에게도 일어날 수 있고, 자동차에서도 집에서도 같은 조건이라면 일어날 수 있습니다.

2011년 동일본 대지진에서 자동차들의 피난 행렬이 도로를 가득 메우며 좁은 공간에서 장시간 지내거나, 대피소에서 생활하면서 심부 정맥 혈전증 환자가 대량 발생했습니다. 당시에 79개 대피소에서 2217명을 대상으로 조사한 결과, 약 10퍼센트에게서 심부 정맥 혈전증이 관찰되었다고 해요.

이러한 대규모 재해에서는 재해 자체만이 아니라 이후에 생기는 이차적인 질환이 문제가 될 때가 많습니다. 심부 정맥 혈전증와 이어지는 폐 색전증이 그 중요한 예라고 할 수 있습니다.

병원에 있다가 생기는 혈전증

의외로 병원 입원도 심부 정맥 혈전증을 일으키는 위험 요인 중 하나입니다. 거동이 불편해서 혼자 움직이지 못하는 사람이나, 수술 중 혹은 수술 후 침대에서 안정을 취하는 사람이 워낙 많으니까요.

심부 정맥 혈전증이 발병한 경우 병원 원내 사망률은 14퍼센트에 달합니다. 이 사망 사례의 40퍼센트 이상은 발병 1시간 이내에 사망했다고 추정되니 예방이 매우 중요해요.

병원에서는 일단 혈전증 위험 정도에 따라 환자를 저위험군, 중위험군, 고위험군, 최고위험군으로 네 단계로 나누고, 각 단계에 맞는 강도로 대처합니다. 이 분류는 나이와 수술 종류, 위험인자(비만이나 악성 종양, 중증 감염증, 깁스로 하반신이 고정된 환자 등) 유무에 따라 이루어집니다. 당연히 사람에 따라 혈전이 생길 확률이 다르기 때문이죠.

그리고 '의료용 압박 스타킹'을 착용시키거나, 항응고 요법(피가 잘 굳지 않게 하는 약물을 반복해서 주사), 간헐적 공기 다리 압박기 등을 씁니다. 간헐적 공기 다리 압박기는 다리에 감은 밴드에 공기를 주입하는 기계로, 부풀리거나 수축시키는 과정을 반복해 혈류가 정체되지 않도록 합니다. 쉽게 말해 다리 마사지기와 비슷하죠.

병원에서는 펌프 기계로 작동하는 간헐적 공기 압박기를 반드시 비치해 두고 필요한 환자에게 사용합니다. 그다지 알려져 있지 않다 보니 아파서 입원한 사람에게 불편하게 이런 기계까지 써야 하냐고 언짢게 여기는 사람이 많은데, 심부 정맥 혈전증 나아가 폐 색전증을 예방하는 중요한 수단으로 의료 현장에서는 빼놓을 수 없는 장치입니다.

올바른 찰과상 치료법

소독약은 상처 치료를 더디게 한다

예전에는 찰과상이나 베인 상처를 일단 소독부터 하고 봤습니다. 집에서나 학교 보건실에서나 알코올 제제나 포비돈 아이오딘, 흔히 '빨간약'이라고 불렀던 머큐로크롬 같은 다양한 외상용 소독약을 상비해 두었죠.

그러나 최근에 소독약이 상처 치료를 더디게 한다는 사실이 밝혀지며 일부 경우를 제외하고 상처는 소독하지 않는 게 상식이 되었습니다. 수돗물로 깨끗이 씻어서 모래나 먼지 같은 이물질을 꼼꼼하게 씻어 내기만 해도 충분해요. 상처에 소독액이 스며들어 따끔거리고 화끈거리는 고통을 굳이 참을 필요가 없어요.

병원에서도 꿰매야 할 깊은 상처라면 사전에 소독하지만, 그렇지 않은 경우는 일반적으로 소독하지 않습니다. 수돗물이나 생리 식염수로 깨끗하게 헹구기만 하죠. 오랜 관습으로 상처는 소독해야 한다고 생각하는 사람들은 "기껏 병원에 왔는데 소독도 해 주지 않는다."며 불만을 토로하기도 합니다. 하지만 가벼운 상처라면 소독하지 않는 게 정답이에요.

"소독하지 않으면 상처에 세균이 들어가 곪을 수도 있잖아요?" 이렇게 묻고 싶은 사람도 있겠어요. 상처에 세균이 틈타들어가서 번식하면 감염이 생겨 곪을 수 있습니다. 그러나 우리 피부에는 세균이 상주하고, 우리와 공생합니다. 소독하는 순간에는 세균을 죽일 수 있지만 그 후에 주변의 세균이 들어가는 것까지는 막을 수 없어요. 오히려 정기적으로 상처를 꼼꼼하게 씻어서 청결을 유지하는 게 더 중요합니다.

또 가벼운 상처라면 일반적으로 항생제도 사용하지 않습니다. 감염 예방에 딱히 도움이 되지 않거든요. 상처가 감염을 일으켰을 때 치료 목적으로 항생제를 쓰는 건 합리적입니다. 그러나 예방이라는 목적에서는 효과가 없어요. 아직 감염도

되지 않은 세균을 죽이는 건, 마치 범죄를 일으키기도 전에 누군가를 체포하는 것과 같습니다.

다만 오염이 심한 상처는 예외예요. 예를 들어 개나 고양이 같은 동물에 물린 상처는 일반적인 상처와 비교하면 감염 위험이 훨씬 큽니다. 그래서 동물에 물린 상처에는 예방을 목적으로 항균제를 사용할 때가 많아요. 상처 오염 정도와 동물의 백신 접종 여부를 확인한 후 필요하다면 파상풍 백신을 주사하기도 합니다.

상처 관리에 관한 상식도 예전과 상당히 달라졌습니다. 옛날에는 축축한 상태보다는 최대한 물기 없이 마른 상태가 바람직하다고 여겨졌어요. 그러나 최근에는 촉촉한 상태가 상처 치유에 더 좋다는 사실이 밝혀졌습니다. 연고를 발라서 보습 환경을 유지하는 게 상처 회복에 좋아요.

연고는 크림과 혼동되는 경우가 많은데, 용도가 전혀 다릅니다. 바르는 약인 연고는 약 성분과 기제로 구성됩니다. 약 성분 자체를 피부에 바르지 않고 바탕이 되는 기제에 약 성분이 녹아 있는 상태로 바르는 원리죠. 연고와 크림은 이 기제에서 차이가 납니다.

연고의 기제는 유성 성분(바셀린 등)이고, 크림은 유성 성분에 수분이 추가로 들어 있어요. 그래서 연고는 점성이 강하지만 보습력이 높고 피부 자극이 적습니다. 반면 크림은 피부에 잘 스며들고 덜 끈적이는 대신 피부 자극이 강해서 상처 부위에 사용할 수 없습니다. 따라서 상처에는 연고를 발라야 해요.

가글의 효과는 제한적이다

의학의 세계에서는 옳다고 믿던 사실이 후속 연구로 잘못되었다고 밝혀지는 사례가 적지 않습니다. 상처 처치도 대표적인 사례이죠. 또 다른 사례로 구강 청결제가 있습니다.

예전에는 아이오딘 용액 등으로 목이나 입을 헹구면 감기를 예방할 수 있다고 믿었습니다. 그런데 최근에는 수돗물로 해도 충분할 뿐 아니라 오히려 수돗물이 감기 예방에 효과적이라는 게 '상식'으로 자리매김했습니다. 병원에서는 어지간한 이유를 제외하면 감기 예방이나 치료를 목적으로 헥사메딘 같은 가글 약품을 처방하지 않아요.

거기다 구강 청결제의 효과도 한정적이라는 생각으로 바뀌었습니다. 코로나19 감염 대책에서 반복해서 강조한 건 '손 씻기, 마스크 착용, 사회적 거리 두기'였지, 구강 청결제 사용은 없었죠. 구강 청결제를 사용하면 목에 부착된 병원체를 씻어 낼 수는 있습니다. 그러나 헹군 다음 눈앞에서 날아오는 침방울을 들이마시면 말짱 도루묵입니다. 감염 대책에서 우선순위가 떨어질 수밖에 없죠.

이처럼 얼핏 합리적으로 들리는 설명이 후속 연구로 뒤집히는 일은 빈번합니다. 지금 손에 들고 있는 자료로 이치에 맞는 설명을 하더라도, 이는 새로운 연구 결과가 나오기 전까지만 옳은 '임시 정답'에 지나지 않습니다.

의학 드라마 속 전신 마취

드라마 속 클리셰

전신 마취 수술을 받은 환자가 수술이 끝난 직후 눈을 뜨고 말하면 가족들이 깜짝 놀라는 경우가 많습니다. 아마 의학 드라마에서 자주 그려지는 모습 때문일 거예요. 병실로 돌아온 환자가 정신을 잃고 있다가 천천히 눈을 뜨면 곁을 지키던 가족이 "이제 정신이 들었나 봐!" 하고 외치는 장면이 자주 나오니까요.

그러나 현실은 이와 다릅니다. 전신 마취 수술을 받으면 보통 '수술 직후' 마취에서 깨어나요. 수술실 안에서 마취에서

대단한 인체

깨어 팔다리를 움직이고, 말을 걸면 대답하는지 확인한 다음에 수술실 밖으로 내보내기 때문입니다.

전신 마취 수술은 '자는 동안 끝난다'고 설명할 때가 많은데, 엄밀하게는 의식을 잃는 정도로는 충분하지 않습니다. 전신 마취 중에는 이 세 가지가 꼭 차단되어야 하거든요. 바로 의식과 통증, 움직임입니다. 환자의 의식을 없애고, 아픔을 없애고, 근육을 이완시켜 움직임을 막는 거죠. 마취하는 동안 이 모든 것이 지켜져야 합니다. 현대의 전신 마취는 각기 다른 약물을 사용해 이 상태를 유지합니다.

의식을 없앨 때는 휘발시킨 마취 가스를 이용하는 흡입 마취제나, 정맥으로 주사하는 정맥 마취제를 사용하고, 통증 차단과 근육 이완은 전용 주사제를 씁니다. 모두 단시간에 쉽게 조절할 수 있다는 특징이 있어요. 마취 중에는 약을 계속 투여하다가 끝낼 때는 투여를 멈추면 됩니다. 다만 근육 이완 상태에서 원래대로 돌아올 때는 길항제(약 효과를 없애는 제제)를 사용할 때가 많아요.

'의식이 없으면 어차피 통증을 느끼지 못할 텐데 굳이 진통제를 써야 할까?'라고 의문을 가질 수도 있어요. 무의식 상태라도 통증은 우리 몸에 강력한 스트레스로 작용합니다. 그래서 혈압이 올라가는 등 이런저런 이상을 일으키죠. 자각하지 못해도 '통증'은 몸에 해롭거든요. 특히 수술 중에는 각성 상태라면 도저히 참을 수 없을 정도로 큰 상처를 입습니다. 의식과 통증을 모두 차단해야 하는 이유이죠.

또 의식이 없어도 근육을 이완하지 않으면 자극에 몸이 반사적으로 움직입니다. 수술 중 환자가 움직이면 위험하기 때문에 완전한 근육 이완을 실현(무해 반사를 억제)할 필요가 있어요. 그래서 강력한 근육 이완제를 사용해서 전신 근육을 완전히 이완시킨 상태로 수술을 진행해요.

전신 마취 중에는 호흡근도 마취되어 자발 호흡이 완전히 중지됩니다. 즉, 자력으로 호흡할 수 없게 되죠. 그래서 기관에 튜브를 넣고 인공호흡기에 연결해서 기계의 힘으로 자동 환기(공기 출입)합니다.

수술이 끝난 후에는 각성이 충분히 이루어졌는지를 확인하고 자발 호흡이 완전히 회복되면 기관 튜브를 제거합니다. 기계와 마취과 전문의의 힘을 빌리지 않고 스스로 호흡하지 못하면 수술실을 나갈 수 없어요.

왜 수술실에서 나온 환자가 멀쩡하게 묻는 말에 대답할 수 있는지 이해가 되죠? 전신 마취 수술 후 수술실에서 나온 환자는 각성 상태로, 혼수상태가 아닙니다. 물론 마취에서 막 깨었을 때는 조금 멍해서 빠릿빠릿하게 묻는 말에 대답하지 못하거나 말이 살짝 어눌할 수 있어요. 그렇지만 대다수 사람은 가족이 묻는 말 정도에는 충분히 대꾸할 수 있어요.

물론 예외도 있습니다. 심장 수술처럼 큰 수술을 받은 사람은 수술 후에도 진정제와 진통제를 계속 투여해서 인공호흡기에 연결된 상태로 수술실 밖으로 나갑니다. 그대로 집중 치료실로 이동하는 게 일반적이죠. 이런 환자는 수술 후에 바로 의식이 돌아오지 않고 몸 상태가 안정된 시점에 진정제 투여량을 줄여 고통이 적은 상태에서 의식이 돌아오도록 깨웁니다. 그리고 자발 호흡이 충분히 가능한 상태인지 확인한 다음, 기관에서 튜브를 빼고 계획적으로 인공호흡을 중지하죠. 그러니 이런 환자도 '드디어 정신이 들었나 봐요!' 하는 드라마 같은 상황은 아닙니다. 충분히 관리된 상황에서 '계획된 각성'을 유도하니까요.

전신 마취 수술을 받는 사람 중에는 '마취에서 깨어나지 않으면 어떡하지?'라고 불안해하는 사람이 많은데, 크게 걱정할 필요는 없어요. 약 효과가 떨어지면 자연스럽게 각성하니까요. 현대 전신 마취 수술은 매우 안전합니다.

'마취'와 '진정'은 다르다

내시경 검사를 수면으로 하는 경우가 있죠. 이 방법은 전신 마취가 아니라, 정확하게는 '진정'입니다. 잠들어 있으나, 자발 호흡은 멈추지 않아 인공호흡기를 사용하지 않죠. 이 방법은 '자는 동안 끝났다'고 해도 그리 틀린 표현이 아닙니다.

그러나 진정이라는 용어가 일반적으로 알려지지 않아 마취로 막연히 이해하는 사람이 많아요. 실제로 "위내시경을 받을 때 마취해서 하나도 기억이 안 나."라는 말을 자주 듣습니다. 진정이 마취가 아닌 이유를 이해하려면 마취의 여러 종류에 대해 알아야 해요.

물론 내시경 검사를 하는 병원 홈페이지나 간판에 진정을 '마취'라고 쓰기도 합니다. 일반인이 이해하기 쉽다면 그편이 낫다고 판단해서죠. 홈페이지나 간판에 '진정'이라고 곧이곧대로 써 봤자 그 의미가 제대로 전달되지 않으면 소용이 없으니까요.

큰 수술이 아니면 전신 마취가 아니라 부위 마취를 할 때가 많습니다. 부위 마취는 같은 '마취'라는 용어를 사용하지만, 전신 마취와는 완전히 방법이 달라요. 부분적으로 마취 약을 주입해서 해당 범위에만 완전히 통증이 느껴지지 않게 만들거든요.

물론 의식은 있는 상태라 스스로 호흡할 수 있고 이야기도 할 수 있습니다. 찢어진 상처를 꿰매거나, 이를 뽑는 수술에서 의식을 잃을 필요까지는 없으니까요. 좁은 범위에서만 일정 시간 통증을 제거하면 치료를 마칠 수 있습니다.

제왕 절개와 치질, 서혜부(샅고랑) 탈장 등으로 수술할 때 등쪽에 주사를 꽂아 척수 가까이에 약물을 주입하면 주사를 놓은 부위 아래로 마취를 시킬 수 있습니다. 속칭 '하반신 마취'라고 하는데, 정확하게는 '미추 마취'라고 불러요. 대략 배꼽보다 아래쪽은 통증을 느끼지 못하고 살이 만져지는 감각 정도만 남게 됩니다. 또 운동 신경이 마비되어 스스로는 하반신을 움직일 수 없게 되죠. 이 방법도 전신 마취와는 전혀 다르게 의식이 또렷한 상태입니다. 의사가 환자와 이야기하면서 용태를 살피며 수술할 때가 많아요.

그 밖에도 마취 방법은 매우 다양합니다. 예를 들어 무통 분만 등에 사용되는 '경막 외 마취'라는 방법과 특정 신경 주위에 국소 마취제를 주입하는 '신경 차단 마취'도 자주 쓰입니다. 이 방법들은 앞에서 소개한 '미추 마취'와 함께 '부위 마취'라고 부르죠.

의료 현장에서는 수술하는 부위와 수술 종류, 진료과에 따라 다양한 마취법을 적절하게 조합해서 사용합니다. 이 영역의 전문가는 물론 마취과 의사입니다.

제5장

교양으로서의
현대 의료

인생은 짧고 의술의 길은 길다.

히포크라테스(의사)

체온은 대단하다

우리 몸의 항상성

만약 여러분의 체온을 쟀는데 38도라고 나오면 '높다'고 느낄 거예요. 40도라면 몸에 큰 이상이 있다고 생각하겠죠. 반면에 체온계에 33도라고 표시되면 아마 체온계가 고장이거나 잘못 쟀다고 여길 겁니다.

그런데 이러한 수치와 평소 체온의 차이는 고작 2~3도 정도입니다. 우리 주위 물체는 환경에 따라 온도가 크게 오르내립니다. 한여름에는 40도를 넘기도 하고, 한겨울에는 영하로 내려가는 환경에서 이토록 좁은 범위에서 온도를 유지할 수 있는 인체가 오히려 평범하지 않죠.

인간뿐 아니라 포유류와 조류 같은 항온 동물은 항온성이라는 성질을 지닙니다. 외부 기온에 좌우되지 않고 체온을 항상 일정하게 유지하는 구조가 몸에 갖추어져 있죠.

우리 뇌의 '시상 하부'라는 부위에는 체온 조절 중추가 있습니다. 말하자면 체온을 결정하는 지휘실이라 할 수 있어요. 여기서 결정한 설정 온도(세트 포인트)에 맞추어 체온은 끊임없이 자동으로 조절됩니다. 더울 때는 땀을 흘려서 열 발산을 촉진하고, 추울 때는 근육을 떨어서 열을 생산하는 동시에 혈관을 수축해서 열이 빠져나가지 않도록 방지하죠.

감기에 걸렸을 때처럼 몸에 염증이 나면 설정 온도를 높입니다. 이 상태가 흔히 열이 난다고 표현하는 '발열'이에요. 면역 기능이 활발하게 작동하기 좋게 만드는 거죠. 에어컨 온도를 설정할 때를 상상하면 이해하기 쉽습니다.

참고로 설정 온도가 올라갔을 때는 몸을 식혀도 체온이 내려가지 않습니다. 이마에 차가운 물수건을 얹거나 냉각 시트를 붙이면 기분이 좋아질 뿐 체온은 내려가지 않습니다. 열이 날 때 체온을 내리려면 설정 온도를 내려야 하기 때문입니다. 이를 낮추는 약이 해열제입니다.

대단한 인체

고온 다습한 환경에 장시간 노출되면 온열 질환에 걸려 체온이 오르는 경우가 있습니다. 이 상태를 '고체온증'이라 부르며 발열과 구분해요. 이때는 몸을 식히는 게 효과적입니다.

체온계는 어떻게 탄생했을까?

17세기 초까지 인간의 체온에 '정상 범위'가 있다는 사실은 알려져 있지 않았습니다. 이를 처음 알아낸 사람은 이탈리아의 의사, 산토리오 산토리오입니다.

16세기 말에 갈릴레오 갈릴레이는 온도에 따라 물이나 공기가 팽창하는 현상을 이용해 온도계의 원형을 만들었습니다. 갈릴레오와 교류하며 지냈던 산토리오는 그 기술을 응용해 눈금이 들어간 관으로 온도를 측정할 수 있는 기기를 제작했어요. 당시 산토리오가 그 기술의 중요성을 알아서 한 일은 아니었습니다. 그러다 18세기부터 19세기에 걸쳐 환자의 체온을 측정하는 관습이 퍼지기 시작했습니다.

오늘날 의료 현장에서 체온 측정은 거의 모든 환자에게 기본적으로 이루어지는 중요한 의료 행위 중 하나입니다. 입원 환자의 체온 변화도 면밀히 기록해 두지요. 특정 시점의 체온뿐 아니라 일정 기간의 체온 변화를 관찰한 기록도 중요하기 때문입니다.

체온을 재는 신체 부위는 주로 어디일까요? 체온계를 겨드랑이 아래에 끼워서 재기도 하고, 귀에 넣어서 재기도 합니다. 코로나19가 유행하는 시절에는 비접촉식 체온계를 쓰기도 했죠. 정확하게 체온을 측정해야 할 때는 직장이나 입안에 체온계를 넣기도 합니다. 수술 중이거나 집중 치료실(중환자실)에 입원 중인 의식이 없는 환자는 이렇게 실시간으로 체온을 측정해요. 이 체온 측정 결과는 '심부 체온'이라 부르는데, 피부 표면에서 측정한 피부 체온보다 오차가 적고 정확합니다.

그 옛날, 체온계를 발명한 산토리오도 미래 의료 현장에서 이 정도로 체온 측정이 중요해질 거라 상상하지 못했을 거예요. 사실 산토리오의 업적은 체온계 발명에서 그치지 않습니다. 또 하나, 의학사에 남은 위대한 발견이 있거든요. 바로 '불감 증산'입니다.

불감 증산이란 우리가 느끼지 못하는 사이 피부 표면과 숨에서 수증기가 몸 밖으로 증발하는, 눈에 보이지 않는 현상입니다. 성인은 하루 700~900밀리리터 정도의 양을 내보내죠. 어느 정도 변동은 있지만, 눈에 보이는 소변이나 땀 말고도 이 정도로 많은 수분이 우리 몸에서 빠져나가는 겁니다.

산토리오는 체중을 측정할 수 있는 천칭 의자를 제작해 본인의 체중을 꾸준히 상세하게 기록했습니다. 또 입으로 섭취한 음식과 마신 음료의 무게, 배설물의 무게를 모두 측정했어요. 그리고 두 측정값 사이에 존재하는 차이, 즉 '보이지 않는 수분의 상실'에 주목했죠.

현대 의료 현장에서 환자의 체수분을 검사하거나 링거의 양을 조절할 때, 불감 증산은 계산에 포함해야 할 중요한 지표입니다. 그 필요성도, 가치도 모르던 시절에 불감 증산에 주목했던 산토리오의 통찰력이 그저 경이로울 따름입니다.

몸속을 엿보는 기술

투시하는 광선

주사위를 투시하는 마술에는 반드시 속임수가 있습니다. 정말로 투시력이 있는 마술사는 없죠. 그러나 병원에서는 몸속을 쉽게 '투시'하는 기술이 일상적으로 사용됩니다. 머리와 뇌, 배를 열지 않고도 의료 검사로 그 안을 관찰할 수 있죠. 지금은 익숙한 이 기술을 인류가 처음 손에 넣은 건 고작 한 세기 전입니다.

1895년, 독일의 물리학자인 빌헬름 뢴트겐은 고전압 진공관을 이용해 '음극선'이라는 광선을 실험하고 있었습니다. 어느 날 뢴트겐은 작업대에 있던 스크린이 희미하게 빛나는 모습을 발견했습니다. 진공관이 검고 두꺼운 종이에 덮여 있었음에도 광선이 이를 투과해 스크린을 비추고 있었죠.

그는 이 광선에 강한 흥미를 느끼고 실험을 거듭했습니다. 두꺼운 종이뿐 아니라 나무와 고무 같은 다양한 물질을 투과했는데, 납 같은 금속은 투과하지 못하는 새로운 종류의 광선이었어요. 실험을 하던 뢴트겐은 더 놀라운 현상을 목격했습니다. 광선에 손을 대자 스크린에 자기 손뼈가 고스란히 드러난 것입니다.

이름 없는 이 광선을 뭐라고 부를지 고민하던 그는, 수학에서 미지의 변수를 나타내는 'X'를 사용해 'X선'이라고 이름 붙였습니다.

뢴트겐이 이 성과를 발표하자 X선 기술은 삽시간에 전 세계로 퍼져 나갔습니다. 의료 현장에서 매우 유용한 기술이었기 때문이었죠. 부러진 뼈나 몸에 파묻힌 총탄을 정확하게 보여 주어 진단과 치료에 활용할 길이 열렸어요. 1901년, 뢴트겐은 이 공로를 인정받아 노벨 물리학상을 받았습니다.

X선이 발견된 후 기술 응용은 계속되었습니다. 1913년에는 독일의 알베르트 살로몬이 유방 절제 3000건의 표본과 그

엑스레이 사진을 비교하여 X선으로 유방암에 걸렸는지 판별하는 방법을 발표했습니다. 훗날 유방 촬영술의 원형이 되는 성과였습니다.

1920년대에는 조영제가 사용되기 시작했습니다. 조영제는 X선이 투과하지 않는 액체로, 이 액체를 위장이나 심장 주변 동맥에 주입하면 그 부분만 그림자가 져서 형태와 내벽 변화를 판독할 수 있어요. 한자 그대로 조영(照影), 즉 그림자를 만드는 제제입니다.

위장 조영 검사는 위내시경 검사를 하기 어려운 환자에게도 유용합니다. 대장 조영 검사(항문으로 조영제를 주입해서 대장을 조영하는 검사)도 병원에서 자주 이루어지는 편입니다. 게다가 혈관 안에 주입할 수 있는 조영제가 개발되면서 뇌와 심장 혈관도 확인할 수 있게 되었죠. 1927년에 최초로 발표된 뇌혈관 조영술은 지금도 뇌경색과 뇌동맥류 등의 치료에 필수로 쓰입니다.

심장 주위를 둘러싼 근육에 혈액을 공급하는 동맥을 심장 동맥이라고 합니다. 심장 동맥은 대동맥 뿌리 부근에서 갈라져 나오며 크게 우관상 동맥과 좌관상 동맥으로 나뉘어요. 좌관상 동맥은 또 좌전하행지와 좌회선지로 나뉘지죠. 이 동맥

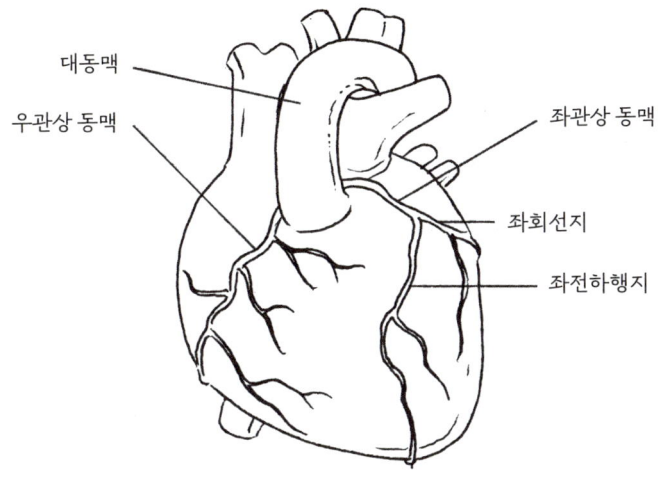

대동맥

우관상 동맥

좌관상 동맥

좌회선지

좌전하행지

들이 어딘가에서 좁아지면 협심증과 심근 경색 같은 병이 생길 수 있습니다.

이때 활약하는 것이 카테터입니다. 팔의 혈관 등에 카테터를 삽입하고 심장까지 밀어 넣은 채 조영제를 심장 동맥 안에 흘려보냅니다. 그리고 X선으로 촬영하면 혈관의 흐름이 드러나, 혈관의 어떤 부분이 좁아졌는지 집어낼 수 있어요. 병의 진단과 치료가 가능해지죠.

이 카테터 기술은 1929년에 독일의 의사 베르너 포르스만이 최초로 발표했습니다. 포르스만은 자신의 팔 혈관에 직접 카테터를 삽입해 심장까지 밀어 넣고는 그 모습을 X선으로 촬영했어요. 그의 나이 스물다섯의 일이었습니다.

당시 포르스만의 발표는 학계에서 그 누구도 알아주지 않았고, 젊은이의 무모한 행동으로 취급받았습니다. 그러나 포르스만은 카테터를 활용한 다양한 치료법을 확립했어요. 그 뒤로 카테터 기술을 현실에 적용한 미국의 의사 디킨슨 리처즈와 앙드레 프레데리크 쿠르낭과 함께 노벨 생리·의학상을 받았지요. 그의 용감한 도전으로부터 27년 뒤인 1956년의 일이었습니다. 새로운 분야의 개척자는 으레 이단아로 여겨지며, 세상의 이해를 받는 데에 시간이 걸리는 법입니다.

몸의 단면을 보는 기술

X선 활용 기술은 1970년대에 한 단계 더 진화했습니다. '컴퓨터 단층 촬영(Computed Tomography scan)'이라는 기술로 몸의 단면을 입체적으로 관찰할 수 있게 된 것이죠. 일반적으로 CT라고 줄여 부르며, 전 세계에서 널리 이용되는 영상 진단 기술입니다.

통상적인 X선 검사(단순 X선 검사)에서는 '깊이감'을 느낄 수 없습니다. 한 방향으로 촬영하면 앞에 있는 장기와 뒤에 있는 장기가 겹쳐서 보이거든요. 반면 CT는 인체 주위를 고속 회전하는 장치로 X선을 쏘고, 그 결과를 컴퓨터로 해독해서 영상을 재구성합니다. 사방에서 살핀 내용을 바탕으로 몸의 단면도를 그릴 수 있죠.

인체를 구성하는 성분에 따라 X선이 투과하는 정도가 다른데, CT는 이 차이를 흑백의 농도로 표현해요. 물을 '0'으로 기준 잡고, 농도를 수치화한 값을 'CT 수치(CT number)'라고 합니다. 장치에 따라 기준이 조금씩 달라져서 절대적인 단위는 아니에요.

예를 들어 공기는 CT 화면에서 새까맣게 비치고, 뼈는 상당히 밝게(하얗게) 비치죠. 혈액은 물보다 약간 밝게 비쳐 '비치는 액체가 물인지 혈액인지'를 추측할 수 있습니다.

이 CT 수치의 단위는 'HU'로 '하운스필드 단위(Hounsfield Unit)'라고 부릅니다. 이 이름은 1972년에 CT를 개발하고 1979년에 노벨 생리·의학상을 받은 영국의 기술자 고드프리 하운스필드에서 따왔습니다. 이 상은 1960년대에 CT 개발에 주요한 기초가 되는 논문을 발표한 미국의 물리학자 앨런 코맥이 함께 받았습니다.

CT보다 MRI가 낫다는 오해

유용하게 쓰이는 X선 검사에도 단점이 있으니, 많든 적든 방사선에 노출된다는 겁니다. 그래서 의료 현장에는 방사선을 사용하지 않는 검사도 준비되어 있어요.

먼저, 초음파 검사입니다. 몸 표면에서 초음파를 보내 그 반향을 이미지로 바꾸는 검사법이죠. 산부인과에서 태아를 보거나 심장내과에서 심장 움직임을 보거나 혈류를 관찰할 때 널리 쓰입니다. 방사능에 노출될 염려가 없고, 움직이는 대상을 실시간으로 관찰할 수 있다는 장점이 있어서죠. 초음파 검사는 1940년대에 최초로 실시된 뒤 서서히 보급되었습니다.

다른 하나는 자기 공명 영상(Magnetic Resonance Imaging, MRI)입니다. 핵자기 공명을 이용해 수분 함유량 차이에 따른 대비를 포착하는 기법이죠. CT와 마찬가지로 몸의 단면도를 관찰할 수 있는데, 방사능에 노출될 우려가 없다는 이점이 있습니다.

MRI는 X선을 사용하는 CT와 음영을 조절하는 방식에 차이가 있어서 완성되는 이미지가 아주 다릅니다. 질병의 종류에 따라 촬영 방식을 구분해서 사용하거나 두 가지 방식으로 모두 촬영하고 비교해서 진단하기도 합니다. 몇 분이면 촬영이 끝나는 CT와 달리, MRI는 30분에서 길면 40분까지 걸리는 검사입니다. 좁은 통 안에 오래 갇혀 있어야 해서 MRI 검사를 받는 사람에게는 폐소 공포증이 없는지를 확인해요.

그리고 MRI 검사실에는 항상 강력한 자기장이 발생하기 때문에 절대 금속을 가지고 들어갈 수 없습니다. 실수로 금속 (자기체)을 가지고 들어가면 자기장에 끌려 엄청난 속도로 장치 안으로 빨려 들어가고 맙니다. 2001년에 미국에서는 산소통이 장치 안으로 날아가 남자아이의 머리를 강타한 사망 사고도 있었어요. 묵직한 금속 통이 막을 수 없는 속도로 날아가 비극을 낳았죠.

종종 CT보다 MRI가 시간이 오래 걸리다 보니 더 정밀한 검사라고 오해하는 사람이 있는데, 시간이 오래 걸린다고 검사 결과가 정확하지는 않습니다. 질병과 장기마다 '특화된 분야가 다르다'고 이해해야 맞아요. 초음파 검사도 마찬가지입니다. 초음파 검사로 가장 정확하게 잡아낼 수 있는 질병이 있는가 하면, MRI로 검사하는 게 가장 유리한 질병도 있습니다.

확실한 건 모두 인류에게 큰 도움을 준 기술이라는 겁니다. MRI를 발명한 미국의 화학자 폴 라우터버와 영국의 물리학자 피터 맨스필드는 2003년에 노벨 생리·의학상을 받았습니다.

인체를 들여다보는 기술은 지금까지 의학계에 수많은 노벨상을 안겨 주었고, 진단이라는 과정을 뿌리부터 뒤바꾸어 놓았습니다. 놀랍게도 이러한 발전은 고작 100년 남짓한 사이에 일어났습니다.

X선과 CT, MRI가 없었던 시대를 오늘날 의사로서 회상하면 아찔합니다. 몸 표면을 보고 얻을 수 있는 정보에만 의지해 진단했던 시대였으니까요. 이 시대가 수천 년이나 이어진 뒤 비로소 도래한 축복받은 시대를 우리는 살고 있습니다.

청진기로 듣는
두 가지 소리

청진기의 발명

진찰의 대표적인 기법으로 보기(시진), 듣기(청진), 만지기(촉진), 두드리기(타진), 이렇게 네 가지가 있습니다. 그중에서도 청진은 누구나 의사 하면 떠올리는 친숙한 진찰법이에요. 의사가 청진기를 환자의 가슴이나 등에 대고 소리를 듣는 모습을 흔히 볼 수 있으니까요.

고대 그리스 시대에도 진찰이 이루어졌다고 하니, 알고 보면 진찰의 역사는 생각보다 무척 오래되었습니다. 그러나 청진기는 19세기가 되어서야 처음 사용되었어요. 그때까지는 환자의 가슴에 직접 귀를 대고 소리를 들어 진찰했죠.

청진기는 프랑스의 의사인 르네 라에네크가 발명했습니다. 그는 심장 질환이 있는 젊은 여성을 진찰하다가 가슴에 머리를 바짝 붙이는 데 부담감을 느끼고, 종이로 관을 만들어서 귀에 대고 듣기 시작했습니다.

종이를 둘둘 말아서 만든 관으로 소리가 훨씬 잘 들린다는 사실을 알게 된 라에네크는 청진용으로 나무통을 제작해서 '청진기(stethoscope)'라고 이름 붙였습니다. 더불어 청진 과정에서 나는 소리의 성질과 가슴 질환을 연결해 상세하게 연구를 진행했죠. 1819년에 라에네크는 이 연구 결과를 《간접 청진법에 대하여》에 공표하고, 청진이라는 기술의 기초를 확립했습니다. 단순히 편리한 도구를 만드는 데서 그치지 않고, '이런 병이 있으면 몸에서 어떤 소리가 들릴까?'까지 자세하게 알아내고자 한 탐구심이 그가 역사에 이름을 남긴 이유가 되었어요.

라에네크가 청진기를 발명한 후로 청진기는 서서히 개량되어, 19세기 후반에는 고무 튜브를 통해 양쪽 귀로 듣는 오늘날의 형태가 퍼지기 시작했어요.

청진기는 가격대가 다양하고, 의사 각자의 취향과 필요에 따라 고릅니다. 의대생 시절에 실습용으로 저렴한 제품을 샀다가, 의사가 되고 나서 본격적인 제품을 사는 경우도 많죠. 일본에서는 대체로 의사가 자비로 청진기를 마련하고, 직장에서 지급해 주지는 않아요.

최근에는 소리를 전기적으로 증폭시켜 주는 전자 청진기도 출시되었습니다. 들은 소리를 녹음했다가 나중에 다시 들을 수도 있어 교육 목적으로 쓸 수 있어요. 다만, 전지가 필요해 청진기 머리 부분이 무겁다는 단점도 있어 생각만큼 쓰는 의사가 많지 않습니다.

사망 확인 시 필요한 것

그렇다면 의사는 청진기로 무엇을 들을까요? 기분 내키는 대로 오늘은 가슴에 댔다가, 내일은 등에 대는 식으로 보일 수도 있지만, 청진기 사용에는 정해진 절차가 있습니다.

청진기로는 주로 심장 소리와 호흡 소리를 듣습니다. 심장 소리를 들으며 심장에 질병이 있는지를 확인하고, 호흡 소리를 들어서 폐와 기관에 이상이 있는지를 확인하죠. 청진기를 대는 부위도 정해져 있어서, 그림과 같이 정해진 위치에 대고 소리를 듣는 게 기본입니다.

청진기로 소리를 듣는 부위

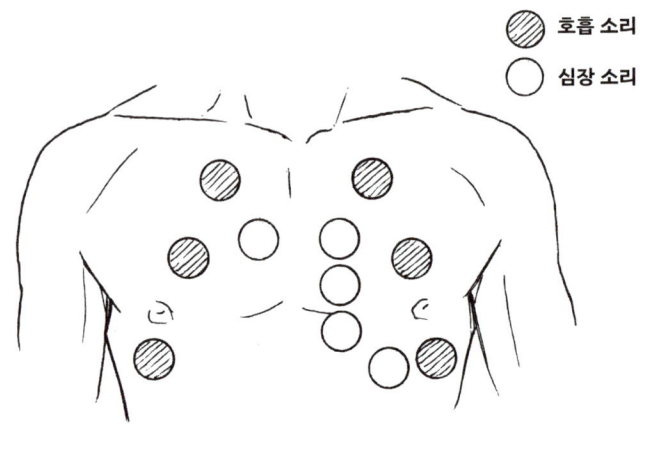

호흡 소리

심장 소리

그림에서 검은색 동그라미(●)가 호흡 소리, 하얀색 동그라미(○)가 심장 소리를 듣는 곳입니다. 호흡 소리는 등 쪽에서도 같은 위치에 청진기를 대고 듣습니다. 다만 이 기본 순서를 모든 환자에게 일률적으로 적용하지는 않습니다. 청진 이외의 방법으로 진찰해서 얻은 정보와 증상이 나타나는 방식에 따라 청진의 중요도가 달라지기 때문입니다.

물론 진찰실에 들어오는 환자마다 윗옷을 모두 탈의하게 하고 교과서에 나온 방식대로 청진기로 진찰하다가는 대기 시간이 하염없이 길어진다는 사정도 있습니다. 그래서 진찰은 환자 각자의 증상에 맞추어 적절하게 완급을 조절하는 게 원칙입니다.

참고로 청진기는 가슴과 등에만 대지 않습니다. 혈관 소리를 듣기도 하고, 장 소리를 들으려고 배에 댈 때도 있죠. 더불어 의사의 전유물만도 아닙니다. 의사뿐 아니라 간호사를 비롯한 다른 의료 종사자도 청진기를 사용해서 환자의 기본 정보를 확인하거든요.

게다가 청진기는 산 사람에게만 사용하지 않습니다. 사망 확인 때도 청진기가 필요합니다. 사망 확인 시에는 청진기를 가슴에 대고 호흡 소리와 심장 소리가 들리지 않는지를 확인합니다. 다음 단계로 펜라이트로 빛을 동공에 비추어 빛 반사를 확인하죠. 동공에 빛을 비추었을 때 동공이 반사적으로 수축하는지를 살피는 겁니다. 빛 반사가 일어나지 않으면 뇌 기능이 정지했다는 뜻이에요.

동공 반사라고도 하는 빛 반사는 빛이 눈에 들어왔을 때 동공이 줄어드는(수축하는) 반사예요. 눈은 빛의 양에 따라 조리개를 자동 조절하는 기능이 있습니다. 산 사람의 동공 지름은 단 0.2초 만에 최대 약 8밀리미터에서 1밀리미터까지 순식간에 바뀝니다. 그래서 눈에 빛을 비추기만 해도 이 반사가 나타나는지 여부를 바로 알 수 있어요.

에인트호번의 삼각형

심장 활동을 몸 표면에서 확인할 때는 심전도가 자주 쓰입니다. 1장에서 설명한 대로, 심장의 움직임은 심장 근육을 지나는 전기 신호로 제어됩니다. 심전도계는 이 전기적인 활동을 몸 표면에서 측정하고 파동으로 표시하는 장치예요. 팔다리와 가슴 표면에 총 10개의 전극을 붙이고, 12종의 벡터로 전기 활동을 측정하죠.

검사 중에 통증이나 찌릿한 감각은 전혀 느껴지지 않아요. 전극을 부착하고 편안하게 누워 있으면 어느새 검사가 끝납니다. 만약 검사한 심장에 무언가 문제가 있으면, 심전도 파형에 특징적인 변화가 나타납니다. 그래서 심전도는 심장 질환 진단에 매우 중요한 검사예요.

심전도가 실용화된 건 20세기 들어서입니다. 1903년, 네덜란드의 생리학자인 빌럼 에인트호번이 심전도 측정법을 최초로 발표했고, 그 뒤로 의료 현장에서 널리 활용하게 되었죠. 에인트호번은 이 업적으로 1924년에 노벨 생리·의학상을 받았습니다.

　참고로 왼팔, 오른팔, 왼다리 각각의 전극이 이루는 삼각형은 지금도 그의 이름을 따서 '에인트호번의 삼각형'이라 불립니다.

몸속 산소를
측정하는 기기

적혈구와 헤모글로빈

일본에서는 매년 많은 사람이 떡을 먹다 목에 걸려 병원으로 이송됩니다. 그 수는 도쿄에서만 매년 약 100건에 달해요. 그중 절반 이상이 12월과 1월에 발생합니다. 아무래도 연말연시에 떡을 먹는 명절이 몰려 있기 때문입니다.

목에 무언가 걸려서 공기가 지나는 통로가 막히면 생명을 구할 시간이 몇 분밖에 주어지지 않습니다. 산소가 외부에서 들어오지 않으면 순식간에 뇌 기능이 마비되고, 이윽고 심장도 정지합니다. 우리 몸을 구성하는 장기는 산소가 공급되지 않으면 움직일 수 없어요. 인간의 몸은 산소 부족에 몹시도 취약합니다.

그렇다면 우리는 어떻게 외부에서 들어오는 산소를 받아들이고 있을까요? 우선 호흡을 통해 입으로 들어온 공기는 기관을 지나 폐에 도달합니다. 폐에는 가느다란 혈관이 뻗어 있고, 공기 속의 산소는 이 혈관으로 들어갑니다. 혈액이 온몸으로 구석구석 흘러가면서 피에 실린 산소가 각 장기에 공급되는 구조이죠.

이 '산소 운반'이라는 중요한 역할을 담당하는 세포가 적혈구입니다. 적혈구는 온몸에 산소를 운반하는 운송 트럭으로, 이 트럭이 싣고 다니는 화물, 쉽게 말해 '짐'이 헤모글로빈입니다. 적혈구 안에 들어 있는 헤모글로빈이 산소와 결합하거나 떨어지며 각 장소에서 산소를 내려놓는 하역 작업이 이루어져요.

병원에는 산소가 부족해서 실려 오는 사람이 많습니다. 단순 질식뿐 아니라 폐렴이나 천식처럼 폐와 기관지 질환으로 산소가 부족해진 환자도 있죠. 이런 경우에는 산소마스크를 사용해 부족해진 만큼 산소를 보충해 주어야 합니다. 그런데 산소가 어느 정도 부족한지를 어떻게 알 수 있을까요?

산소는 혈액 속에 포함되어 있고, 우리 몸 전체에서 쓰입니다. 그래서 채혈을 하면 혈액 속의 산소 포화도(피에 어느 정도 산소가 녹아 있는지)를 측정할 수 있어요. 팔다리 동맥에 주삿바늘을 찔러서 산소 포화도를 측정하는 검사는 병원에서 매일같이 이루어집니다. '혈액 가스 분석'이라고 불리는 검사예요.

그런데 이 방법에는 커다란 결점이 있습니다. '채혈한 그 순간'의 상태밖에 알 수 없다는 거죠. 채혈하고 1분 후에 급격하게 상태가 악화해 산소가 부족해져도 상태가 어느 정도 달라졌는지를 알아낼 방법이 없습니다. 심각한 병일수록 병의 양상은 시시각각 변하는데 말이죠.

"환자분, 폐가 심각한 상태입니다. 언제 상태가 나빠질지 알 수 없으니 오늘은 조금 불편하시더라도 1분마다 채혈해서 검사하겠습니다." 환자한테 이렇게 양해를 구하고, 1분마다 주삿바늘을 찔러 댈 수도 없는 노릇입니다.

문제는 또 있습니다. 의식이 없는 사람은 산소가 부족한지 알아차리기가 어렵다는 거죠. 예를 들어 전신 마취 수술이 한창 진행 중일 때는 호흡을 완전히 멈추고 인공호흡기로 호흡을 통제합니다. 그래서 수술하는 동안 폐에 무언가 문제가 생겨도 환자가 '숨이 잘 쉬어지지 않아요', '가슴이 답답해요'라고 말로 호소할 수 없어요.

혈압이나 맥박, 체온을 측정하듯 몸에 상처를 내지 않고 산소 포화도를 알아낼 수는 없을까요? 이 문제를 두고 씨름한 사람이 있었습니다.

의학사에 남은 업적

일본의 의료 기기 회사, 니혼코덴에서 연구원으로 일하던 아오야기 다쿠오는 오늘날 전 세계에서 사용되는 '맥박 산소 측정기'를 세상에 내놓았습니다.

그는 산소와 결합한 산소화 헤모글로빈과 결합하지 않는 탈산소화 헤모글로빈이 '붉은색 빛을 흡수하는 정도'에 차이를 보인다는 데 주목했어요. 산소를 대량으로 함유한 혈액은 선명한 붉은색으로, 산소가 적은 혈액은 어두운 붉은색으로 보인 겁니다. 맥박 산소 측정기는 이 흡광 특성의 차(붉은 정도의 차)를 피부 표면에서 파악합니다. 말하자면 '화물을 운송하는 트럭'과 '짐칸이 텅 빈 트럭'의 비율을 알아낼 수 있는 거죠.

맥박 산소 측정기를 손가락 끝에 끼우면 산소 포화도 추정 치를 '퍼센트'로 순식간에 산출해 줍니다. 손가락에 작은 덮개를 씌우기만 해도 실시간으로 변하는 수치를 확인할 수 있는

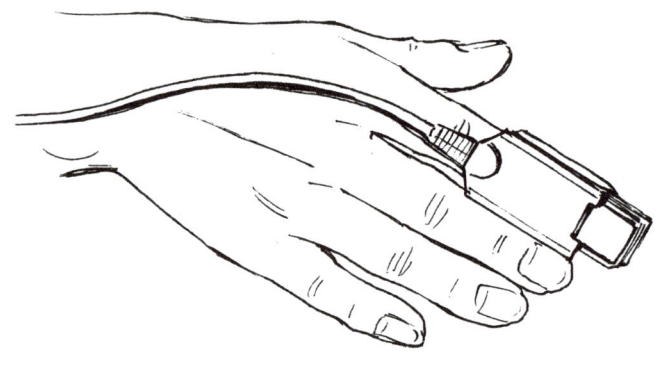

놀랍도록 편리한 장치예요.

니혼코덴의 홈페이지에는 '아오야기 다쿠오와 맥박 산소 측정기'라는 제목으로 개발 일화가 소개되어 있습니다. 그는 1974년에 처음으로 학회에 맥박 산소 측정기의 원리를 발표했습니다. 이듬해 상품화되었는데 당시에는 그다지 주목받지 못해 개발이 중단되었어요. 그 후로 미국에서 전신 마취 수술 중이던 환자가 산소 부족으로 사망하는 사고가 잇달아 발생하면서 맥박 산소 측정기가 다시 주목받게 되었습니다.

1988년, 니혼코덴은 다시 맥박 산소 측정기를 시장에 내놓았습니다. 아오야기는 당시 이렇게 예언했다고 해요.

"앞으로는 생체 정보 모니터링 기능을 갖춘 기기를 필수적으로 갖추어야 할 것이다."

생체 정보 모니터링 기기는 혈압과 맥박, 체온 등 생명 유지에 중요한 지표를 실시간으로 측정하고 표시해 주는 기기를 말합니다. 현장에서 '바이털 사인 모니터'를 줄여 '모니터'라고도 부르는 환자 감시 장치는 수많은 환자가 사용하는 의료기기입니다.

오늘날 이 장치에는 맥박 산소 측정기가 기본으로 포함되어 있습니다. 아오야기가 예상한 미래가 현실이 된 것이죠. 맥박 산소 측정기를 사용해 얻은 혈액 속 산소 포화도 추정치는 'SpO2'라고 부르는데, 환자의 상태를 파악하는 중요한 지표입니다.

SpO2에서 S는 saturation(포화도), p는 percutaneous(경피적, 피부를 통한)를 뜻하고, O2는 산소죠. 즉 SpO2는 '피부 표면에서 측정한 산소 포화도'라는 뜻입니다. 참고로 이 수치의 정상 수치는 96~99퍼센트로, 건강하다면 얼추 100퍼센트에 가까운 숫자가 나와야 합니다. 혈액은 항상 거의 포화 상태에 가까운 수준으로 산소가 채워져 있어요.

아오야기는 이 공로로 2015년에 일본인 최초로 미국 전기 전자학회가 의료 분야 기술 혁신에 주는 상인 'IEEE 의료 기술 혁신 메달'을 받았습니다.

코로나19가 전 세계를 장악해 맥박 산소 측정기가 현장에서 맹활약하던 2020년 4월, 아오야기는 84년의 생을 마감했습니다. 우리 의료 종사자들, 아니, 전 세계 환자에게 이 발명은 앞으로도 역사에 오래 남을 업적으로 남을 겁니다.

산소통과
인공호흡기

지구의 공기 성분

산소가 부족한 사람에게는 부족한 만큼 산소를 투여해야 합니다. 지구의 공기 조성은 질소가 78.1퍼센트, 산소가 20.9퍼센트, 아르곤이 0.93퍼센트, 이산화 탄소가 0.04퍼센트입니다. 우리가 평소에 숨을 들이마시면 이 성분 비율의 기체가 코와 입을 통해 몸에 들어오죠. 즉 '산소가 부족할 때'는 '20.9퍼센트의 산소로는 부족할 때'라고 바꾸어 말할 수 있습니다.

그러면 산소가 부족한 사람에게는 어떻게 산소를 공급해야 할까요?

산소를 공급하는 방법은 크게 두 가지로 나눌 수 있습니다. 첫째는 산소통을 사용하는 방법입니다. 휴대가 가능해 침대에 부착하면 이동 중에도 산소를 투여할 수 있죠. 통 안에는 산소가 고압으로 들어 있어 묵직합니다.(무게는 크기에 따라 몇 킬로그램에서 몇십 킬로그램까지 다양합니다.) 전용 받침대에 보관하고 바퀴 달린 운반대를 이용해 옮겨요.

그러나 산소통만으로는 용량에 한계가 있습니다. 환자가 많은 병원에서는 산소통만으로 필요한 산소 수요를 모두 충당할 수 없습니다. 산소가 떨어질 때마다 새 통으로 교체하려면 인력과 수고만 해도 만만치 않은 데다가 비용이 들고 효율도 떨어지죠.

그래서 환자에게 산소를 공급하는 또 하나의 방법으로 의료 가스 배관 설비가 있습니다. 병실 침대 머리맡이나 수술실 벽에 산소 공급 장치를 두어서 여기에 튜브를 꽂으면 손쉽게 산소를 공급할 수 있죠.

이를 위해 병원 밖에 설치된 거대한 용기에는 액체 산소가 저장되어 있습니다. 액체 산소는 화물 자동차인 탱크로리에 담겨 정기적으로 병원의 저장 탱크로 옮겨집니다. 여기서부터 병실 안으로 뻗은 배관을 통해 필요한 부서로 산소를 공급하는 겁니다.

이렇게 얻은 산소는 코에 꽂는 캐뉼러와 산소마스크 같은 장비를 이용해 사람에게 투여됩니다. 인공호흡기를 사용하기도 하고요. 병의 증상에 따라 적절한 방법을 선택해 환자의 몸속에 산소를 공급합니다.

인공호흡기는 1838년에 발명되었습니다. 당시에는 오늘날의 모습과는 완전히 달랐어요. 목부터 몸 아래를 모조리 장치 안에 넣고 장치 속의 기압을 내려 가슴을 잡아당기듯 넓히는 구조였죠. 이를 '음압식'이라고 부릅니다.

철의 폐

원리만 놓고 보면 음압식이 오히려 실제 호흡에 가깝습니다. 우리의 호흡 운동은 누군가 입으로 공기를 불어 넣는 식으로 일어나지 않습니다. 호흡근으로 가슴 공간을 넓히며 '자연스럽게' 폐로 공기가 들어오는 구조니까요. 초기 인공호흡기는 수동이었는데, 1920년대에 전동 음압식 인공호흡기가 개발되었습니다. '철의 폐(Iron lung)'라는 이름의 장치였죠.

1930년대 이후 철의 폐는 소아마비가 대유행하며 널리 보급되었습니다. 전 세계를 휩쓸 정도로 큰 유행이었죠.

철의 폐

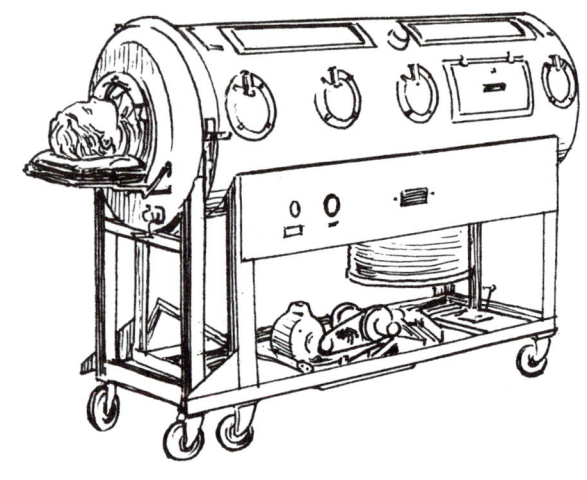

　소아마비를 일으키는 폴리오 바이러스는 드물게 중추 신경계에 침입해서 심각한 신경 장애를 일으키는 특징이 있습니다. 이로 인해 하반신 마비나 호흡근 마비가 일어나죠. 호흡근이 마비되면 스스로 호흡할 수 없습니다. 그래서 철의 폐 안에서 1~2주를 보내고 다시 스스로 호흡할 수 있을 때까지 시간을 벌며 기다리는 치료가 이뤄졌어요. 소아마비 유행으로 병원 안에 커다란 철의 폐가 꽉 들어찼고, 철로 만든 통 속에서 환자들이 치료받았습니다.

한편, 오늘날 의료 현장에서 사용하는 양압식, 즉 기관에 튜브를 삽입해서 폐를 안쪽에서 확장하는 방식의 인공호흡기는 1950년대에 개발되었습니다. 이 인공호흡기는 작아서 병원 안에서 이동도 간편해졌어요. 대여가 가능해 가정에서도 쓸 수 있게 되었죠.

소아마비는 백신이 보급되면서 환자가 급격히 감소했습니다. 아직 완전히 사라지지는 않았지만, 1988년에 세계보건기구가 세계 소아마비 근절 계획을 발표했고, 지금까지 99퍼센트 이상 감소했죠. 전 세계적으로 백신이 보급된 덕분에 소아마비에 걸려 인공호흡기가 필요한 경우는 거의 사라졌습니다.

배를 가르는 대신 구멍을 뚫다

배꼽에 구멍을 뚫어도 괜찮다?

"일단 배꼽을 가르고 작은 구멍을 뚫어 수술하겠습니다."

복강경 수술을 받는 환자에게 이렇게 설명하면 깜짝 놀란 표정을 짓습니다. 배꼽에 특별한 감정이 있는지 '배꼽에 칼을 댔다가 탈이 나면 어쩌지?'라는 막연한 불안을 느끼는 모양이에요.

배꼽은 태아와 모체가 탯줄로 연결되었던 시절의 흔적입니다. 양수 속에 잠긴 태아는 호흡과 식사를 할 수 없어요. 그래서 탯줄을 통해 산소와 이산화 탄소를 교환하고, 영양을 공급받죠. 탯줄을 흐르는 혈액은 태아의 배꼽을 통해 태아 몸속으로 들어가 각 장기로 순환합니다.

잘 모르는 사람이 많은데 우리 몸속에는 배꼽과 간, 배꼽과 방광을 잇던 관의 흔적이 있습니다. 이 흔적을 각각 '간 원인대', '정중 배꼽 인대'라고 부릅니다. 이미 구멍은 막혔고 태어난 후에는 기능을 상실하지만, 태어나기 전에는 엄마 뱃속에서 태아의 생명을 이어 주던 동아줄 같은 기관입니다.

세상에 나온 뒤에는 자기 입으로 호흡과 식사를 할 수 있으니 배꼽이 더 이상 필요 없습니다. 수술로 잘라 내도 큰 문제가 없고, 실제로 어떤 이유로 잘라 내기도 합니다. 배꼽 빠지게 웃는다는 말은 실제로 웃다가 배꼽이 빠져도 큰 탈이 나지 않기 때문에 생겼을지도 몰라요.

배꼽은 원래 복강, 즉 배안과 밖이 이어지는 출입구였기 때문에 근육과 근막이 얇습니다. 안전하게 복강에 접근하기가 쉬워서 수술 시 제일 먼저 여는 구멍으로 적절하지요.

일반적인 복강경 수술에서는 우선 배꼽에 구멍을 뚫고, 트로카(trocar)라는 관을 삽입해서 카메라를 넣습니다. 내시경 카메라로 촬영되는 화면을 보면서 집게발 같은 기구(겸자)를 써서 배 안쪽에서 수술하는 거죠. 정원사가 높은 곳에 있는 나뭇

가지를 자를 때 쓰는 정원 가위와 작동 원리가 같아요.

다만 우리 몸속은 햇빛이 환한 정원과 달리 깜깜하지요. 그래서 내시경 카메라 끝에 강한 광원이 달려 있어요. 이 빛이 몸 내부를 밝게 비추어 수술할 수 있는 거죠.

예전에 복부 수술이라고 하면 배 가운데를 똑바로 갈라서 여는 '개복 수술'이 일반적이었습니다. 최근에는 복강경 수술이 급속히 보급되면서 많은 수술이 카메라를 사용해 이루어지죠. 배 안쪽에서 이루어진다는 점에서는 매한가지이지만, 고화질 카메라를 사용해 인간의 시력을 뛰어넘는 정밀한 근접 영상을 의사에게 제공하고, 이 영상을 바탕으로 수술을 집도할 수 있다는 이점이 있습니다. 더불어 지금까지 눈이 빠지게 들여다보아도 보이지 않던 복부 안쪽까지도 카메라가 들어가 선명하게 살피며 수술할 수 있으니, 엄청난 이점입니다.

복부뿐 아니라 가슴 수술에서도 같은 방법이 쓰이고 있습니다. 흉강경이라는 기술인데 원리는 같아요. 갈비뼈로 둘러싸인 좁고 깊은 공간에서도 카메라가 요리조리 파고 들어가 정밀한 영상을 제공해 줍니다.

복강경과 흉강경처럼 몸속에 카메라를 집어넣어 이루어지는 수술을 '내시경 수술'이라고 아울러 부릅니다. 내시경 수술은 1980년에 쓸개를 떼어 내면서 세계 최초로 이루어졌습니다. 카메라 정밀도가 눈부시게 발전하며 해마다 적용할 수 있는 장기가 늘어나, 지금은 가슴과 배의 거의 모든 장기에 쓸 수 있게 되었어요.

그러나 여전히 개복과 개흉 수술이 필요한 경우가 있고 앞으로도 없어지지는 않을 거예요. 환자의 상태에 따라 어떻게 수술할지 의사가 판단을 내릴 것입니다.

로봇이 수술한다?

2018년에 일본에서 방영된 의학 드라마 〈블랙 페앙〉에는 '다윈'이라는 로봇이 등장합니다. 놀라운 사실은 이것이 드라마 속 이야기만이 아니라는 거예요. 실제로도 '다빈치 수술 시스템(Da Vinci Surgical System)'이라는 수술 로봇이 사용되고 있거든요. 드라마에서 천재 외과 의사로 나오는 주인공이 콘솔(말하자면 조종석)에 앉아 수술하는 모습은 현실의 모습 그대로입니다.

다빈치 수술 시스템은 미국의 인튜이티브서지컬이라는 회사에서 개발해 1999년부터 판매되었습니다. 그 이름은 물론 해부학에 조예가 깊었던 르네상스 시대의 천재 레오나르도 다빈치에서 따온 것이죠.

로봇 수술은 내시경 수술의 일종입니다. 앞서 말한 겸자를 로봇 팔이 잡고 인간이 조종하며 내시경 수술을 집도하죠. 카메라도 물론 로봇 팔이 듭니다.

'로봇 수술'이라고 하면 인공 지능을 탑재한 수술 로봇이 자동으로 수술해 준다고 오해하는 사람이 많습니다. 그러나 로봇 팔로 겸자를 움직이고 조종하는 주체는 인간이에요. 정확하게는 '로봇 지원 수술'이라고 불러야 옳습니다.

로봇 수술은 장점이 많습니다. 겸자에 관절이 달려 있어 몸속 깊은 곳에서도 자유롭게 움직일 수 있죠. 또 앉은 자세로도 조작할 수 있어 수술하는 의사의 피로도를 덜 수 있습니다. 3D 영상을 볼 수 있어 맨눈에 가까운 시야가 확보되는 것도 큰 이점이죠. 손을 5센티미터 움직이면 로봇 팔이 1센티미터 움직이는 식으로 움직이는 범위를 축소해서 전달하는 '모션 스케일'로 세세한 조작이 쉽고요.

일본에서는 2012년, 전립샘암 수술에 최초로 보험이 적용되었습니다. 골반 깊은 곳에 있는 전립샘은 수술 지원 로봇의 강점을 잘 활용할 수 있는 장기 중 하나입니다. 2018년에는 소화기, 심장, 부인과 등 보험이 승인되는 범위가 더 넓어져

대단한 인체

더욱 보급이 확대되었어요.

2019년, 세계 시장 점유율의 70퍼센트를 차지하는 다빈치의 특허가 드디어 만료되어 수술 지원 로봇의 개발 경쟁이 치열해지고 있습니다. 앞으로의 성장이 기대되는 분야이죠.

내시경에 얽힌 오해

내시경이라는 말을 들으면 아무래도 건강 검진에서 받아 본 적이 있는 위내시경이나 대장 내시경을 떠올리는 사람이 많을 듯합니다. 물론 내시경에 포함되지만, 이 두 내시경이 들여다보는 부위는 소화 기관이에요. 즉 식도와 위, 대장 내부죠. 반면, 복강경이나 흉강경으로는 소화 기관 밖의 벽은 보여도 그 안쪽 공간은 보이지 않습니다. 소화 기관 벽이 가리고 있어서 안과 밖은 별개의 세계이죠.

엄밀히 말하면 소화 기관 안쪽은 '몸 안'이 아니라 '몸 밖'입니다. 무슨 소리냐고요? 소화 기관 안은 외부 세계와 이어지는 공간이기 때문이에요. 입안을 포함한 이곳에서는 수많은 세균이 우리와 공생합니다. 반면 소화 기관 바깥쪽 영역인 배 안은 청정 구역으로 무균 공간입니다. 복강경이나 흉강경으로는 이 청정 구역을 들여다봅니다.

내시경으로 확인하는 곳

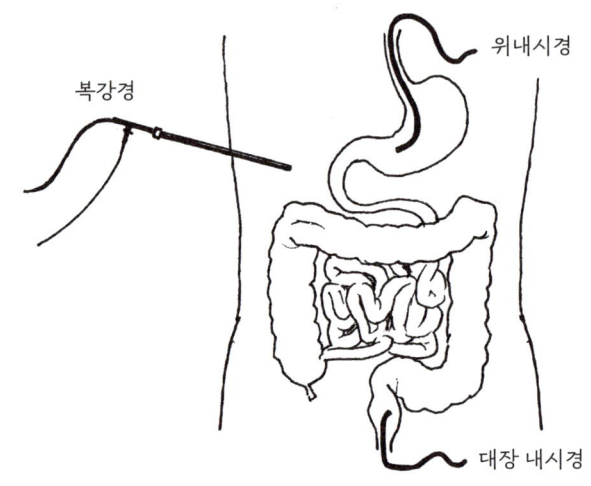

여담이지만, 복강경으로 위암과 대장암 수술을 할 때 소화기관 안쪽의 공간은 보이지 않아서 외벽에 변화가 생기지 않은 초기 단계라면 암의 위치를 판별할 수 없습니다. 개복 수술이라면 손으로 더듬어서 위치를 확인할 수 있는데, 내시경 수술로는 뱃속에 손을 집어넣을 수 없으니까요. 그러니 의사가 어디를 잘라야 좋을지 알 수가 없어요.

그래서 수술 전에 위내시경과 대장 내시경을 이용해 종양 근방에 색소를 주입하고 외벽에서 그 색소가 보이는지 확인하는 방법을 씁니다. 수술 중에 위내시경이나 대장 내시경으로 바로바로 위치를 확인하면서 절개할 위치를 결정하기도 하고요. 이처럼 같은 내시경이라도 쓰이는 용도는 제각각입니다.

세계 최초의 위내시경

산 사람의 위 속을 처음 들여다본 건 1868년입니다. 독일의 의사 아돌프 쿠스마울이 칼을 삼키는 곡예를 선보이는 곡예사를 상대로 가장 먼저 시도했죠. 이때 쓰인 건 직선형 금속관이었습니다.

한편 위 속을 사진으로 촬영할 수 있는 위내시경은 일본의 올림푸스라는 회사가 1952년에 최초로 개발했습니다. 이때는 정지 영상만 촬영할 수 있었고, 본체가 구부러지는 유연한 재질로 만들어졌습니다.

1960년대에는 드디어 실시간으로 위 속을 관찰할 수 있게 되었습니다. 유리 섬유라는 신소재가 나오며 실현된 기술입니다. 빛을 전달하고 구부러지는 유리 소재의 섬유이죠. 이후 영상 기술이 발전하면서 내시경 또한 급속도로 발전해 현재는 고화질 영상으로 살필 수 있게 되었습니다.

최근에는 단순히 관찰하는 수준에 멈추지 않고 내시경을

활용해서 초기 위암과 대장암을 절제하는 치료가 널리 보급되고 있어요. 부위가 깊이가 너무 깊으면 수술이 필요하지만, 얕으면 따로 수술하지 않고 내시경 치료로 해결할 수 있어요.

놀랍도록 진화한
수술 기구

사람 이름이 붙은 의료 기구

의료 현장에서 쓰는 수술 기구에는 사람 이름이 붙은 제품이 아주 많습니다. 개발자 이름에서 따온 기구만 해도 코허 겸자와 앨리스 조직 겸자, 드베키 포셉, 에디슨 포셉, 전기 메스인 보비까지 나열하자면 끝이 없죠. 의사는 저마다 모양과 용도가 다른 이 도구들을 상황에 맞게 골라 씁니다. 엄청난 수의 기구가 수술실 테이블 위에 놓여 있고, 간호사는 의사가 요청하는 대로 차례차례 기구를 건네주죠.

그래서 수술 중에는 이 기구들의 이름을 소리 내어 말할 때가 많습니다. 서양식 성이라고 감이 잘 잡히지 않을 수도 있는데, 익숙한 성으로 바꾸면 의사가 '김 씨!', '이 씨!', '박 씨!'를 달라고 말하는 식입니다.(물론 영어 이름 말고도 다양한 이름이 있습니다.)

금속으로 된 의료 소도구는 보통 다회용으로 쓰입니다. 엄격하게 살균 처리해 가며 몇 차례씩 반복 사용하죠. 최근에는 의료 기구 회사에서 개발한 전기식 기구가 급속히 증가하고 있습니다. 이런 기구들은 대부분 한 번 쓰고 버리는 일회용입니다.

전통적으로는 금속 가위로 자르던 부위를 열의 힘으로 응고하며 절개하기도 합니다. 또 혈관을 실로 묶어서 지혈하던 것을 전기로 봉합하기도 해요. 이러한 기구를 아울러 '에너지 디바이스'라고 부릅니다.

이러한 에너지 디바이스에는 들었을 때 그럴싸한 이름을 붙인 경우가 많아요. 예를 들면 에디슨 상을 받은 올림푸스의 복강경 기구인 썬더비트, 존슨앤드존슨의 초음파 유도 및 절개 장치인 하모닉, 메드트로닉의 수술용 전파 절개 장치인 리가슈어 등이 있죠. 하나같이 만화 속 로봇이나 무기 이름 같지 않나요?

에너지 디바이스

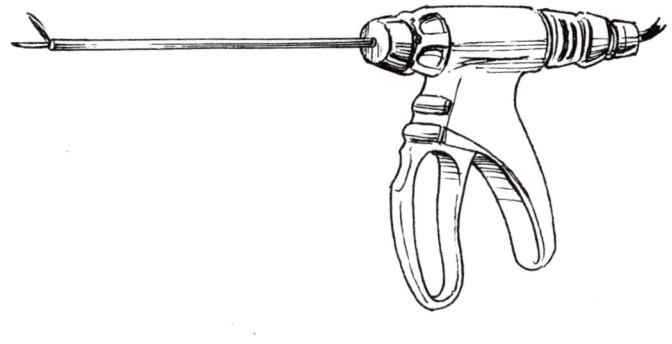

이름뿐 아니라 모양이나 작동 방식도 무기 같은 의료 기기도 있습니다. 무기 마니아에게는 보기만 해도 가슴이 설레는 의료 기기들이 속속 개발되고 있죠. 기술의 발전과 함께 성능이 뛰어난 기구들이 차례차례 현장에 투입되어 수술 안정성이 높아지고 있어요. 물론 전기식 기구 외에도 편리한 기구가 속속 개발 중이에요. 대표적인 기구가 자동 봉합기입니다. 이름 그대로 자동으로 상처를 봉합해 주는 기기예요.

음식물이 지나는 길인 소화 기관은 입에서 항문까지 일직선으로 이어진 일방통행로입니다. 어딘가를 잘라 내면 상류와 하류를 다시 이어 줘야 하죠. 예전에는 그 일을 의사가 일일이 손으로 했지만, 요즘은 웬만해서는 기계가 해낼 수 있습니다. 그렇다고 의사가 손 놓고 아무것도 하지 않는다는 말은 아닙니다. 바늘과 실을 써서 손으로 한 땀 한 땀 꿰매다가, 재봉틀을 써서 드르륵 박는 시대가 되었다고 이해하면 돼요. 수술용 자동 봉합기를 사용하면 금속 침이 스테이플러를 쓸 때처럼 촘촘하게 박히며 수술 부위가 순식간에 꿰매지거든요.

물론 아직도 손으로 직접 꿰매야 할 때가 있습니다. 하지만 편리한 수술 기구가 도입되면서 더 안전하고 균일한 치료를 제공할 수 있게 되었죠.

의학 드라마나 영화에서 수술 장면을 다룰 때는 주로 카리스마 넘치는 천재 의사에게 조명이 집중됩니다. 확실히 그 누구도 흉내 낼 수 없는 기술을 가진 독보적인 천재는 드라마를 절정으로 이끌어 감동을 선사합니다.

그러나 수술대에 눕는 환자가 되어 보면 이야기가 달라집니다. 전국 어디에서나 같은 수준의 수술을 받을 수 있는 편이 훨씬 안심되고 고맙죠. '그 누구도 따라 할 수 없는 신의 기술'보다는 '누구나 따라 할 수 있는 기술'이 보급되는 게 많은 사람에게 이로우니까요. 편리한 장치는 이러한 기술이 보급되는 데에 큰 보탬이 됩니다.

대단한 인체

바느질과 수술의 차이

앞서 수술을 바느질에 비유했는데 수술용 바늘인 봉합침은 일반 바늘과는 전혀 다르게 생겼습니다. 바느질할 때 쓰는 바늘보다는 오히려 낚싯바늘과 더 닮았거든요. 바늘이 크고 구부러져 있다는 점에서 그렇습니다.(빈도는 낮지만 직선 바늘을 쓰기도 합니다.)

또 바느질과 달리 손으로 바늘을 잡지 않고, '바늘 집게'라고 불리는 금속 기구로 바늘을 잡습니다. 손목의 회전을 이용하여 바늘의 곡선에 맞추어 꿰매는 것이죠. 구부러진 정도와 굵기가 다양하게 나와 상황에 맞춰 사용합니다.

수술용 실도 굵기와 재질이 다양해요. 수술 중에는 그때그때 필요한 실을 선택해서 씁니다. 그중에는 '흡수성 봉합사'라고 하는 몸속에 남았다가 저절로 녹아서 없어지는 실도 있습니다. 기술의 발전과 함께 실 성능도 진화하고 있죠.

실의 굵기는 숫자로 표시합니다. 숫자가 커질수록 가늘어진다는 규칙이 있어요. 섬세한 조직과 혈관을 봉합할 때는 가는 실이 필요하고, 튼튼한 조직을 꿰맬 때는 굵은 실이 필요합니다. 어떤 실을 쓸지 상황에 맞게 판단하는 것도 의사의 일입니다.

바늘 집게와 봉합침

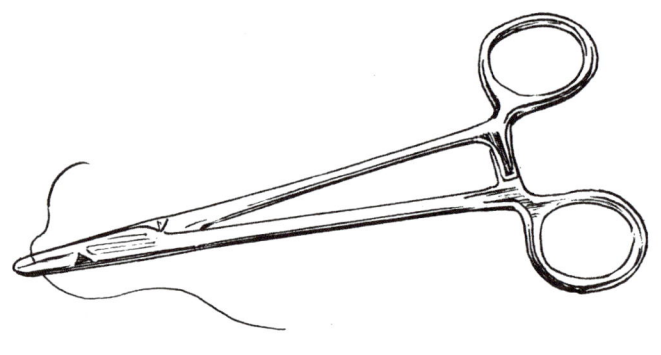

의외로 쓰임이 적은 메스

외과 의사가 쓰는 도구라고 하면 대표적으로 떠오르는 게 메스입니다. 그런데 생각보다 메스는 사용 빈도가 낮은 도구예요. 피부를 처음 가를 때 말고는 메스를 한 번도 쓰지 않는 수술도 적지 않아요. 의학 드라마에서 주인공이 "메스!"라고 힘차게 외치고 간호사에게 메스를 건네받는 장면이 자주 나오는데, 현실에서는 딱 한 번만 쓰는 일이 더 많은 거죠.

실제로는 메스보다 '전기 메스'를 훨씬 많이 씁니다. 메스처럼 쓰는 간단한 도구인데 전기로 가는 혈관을 지지면서 동시에 절개할 수 있어요. 우리 몸에는 모세 혈관이 수없이 뻗어 있어 예리한 칼날을 쓰면 '앗' 하는 사이에 피가 나고 맙니다. 전기 메스를 쓰면 이 자잘한 출혈을 예방할 수 있어요.

외과 세계에서는 기술 발전의 은혜를 바로 실감할 수 있습니다. 불과 몇 년 사이에 새로운 기술이 속속 도입되어 수술의 질이 날로 향상되거든요. 컴퓨터와 TV만 봐도 20년 전과 비교하면 성능이 크게 향상되었듯, 의료 기구의 성능도 매해 발전하고 있습니다.

수술복은
왜 청록색일까?

눈의 피로를 줄여 주는 색

의료 종사자들의 복장이라고 하면 흰색을 떠올리는 사람이 많을 거예요. '흰 가운'은 의사의 상징과 같고, 간호사는 '백의의 천사'라는 별명으로 알려져 있으니까요.

하지만 수술실이나 처치실에서 실제로 사용하는 일회용물품이나 복장은 청록색 계열이 많습니다. 드라마 수술 장면을 떠올려 보면 쉽게 납득될 거예요. 마스크와 모자, 가운, 수술대를 덮은 시트까지 죄다 푸르스름한 색이죠.

왜일까요? 그 이유는 아주 현실적입니다. 청록색이 피의

빨간색과 보색이기 때문입니다. 환자를 치료하다 보면 피를 보는 일이 많죠. 그래서 의료 종사자들은 붉은색에 계속 노출됩니다. 만약 시트나 가운이 흰색이면 시선을 옮겼을 때 초록빛으로 잔상이 희미하게 남아 눈이 침침해져요. '보색 잔상'이라고 하는 현상입니다. 그래서 붉은색의 보색인 청록색 계열의 물품을 써서 잔상으로 인한 시야 방해와 피로를 줄이는 것이죠.

자주 쓰이는 일회용품

의료 현장에서 가장 많이 사용하는 일회용 물품은 마스크입니다. 의료진이 흔히 쓰는 부직포 마스크를 수술용 마스크, 혹은 덴털 마스크라고 부릅니다. 이 마스크 역시 푸르스름한 색이 많아요.

수술용 마스크에는 두 가지 종류가 있습니다. 귀에 고무밴드를 거는 종류와 머리 뒤에서 끈을 묶는 종류죠. 시판 마스크처럼 귀에 거는 종류가 아무래도 착용하기 편합니다. 대신 귀에 거는 마스크는 얼굴 크기에 맞추어 조이는 강도를 조절하기 어렵다는 단점이 있습니다. 얼굴이 작아서 마스크가 맞지 않으면 금방 비뚤어지죠. 수술 중에 멸균 장갑을 끼면 그

손으로 얼굴을 만질 수 없기 때문에 마스크가 비뚤어져도 자기 손으로 고쳐 쓸 수 없습니다. 그래서 장시간 수술에 들어가야 할 때는 안전성이 높은 끈으로 묶는 마스크를 선택하는 의사가 많아요.

또한 귀에 거는 마스크는 장시간 착용하면 귀가 아프고 심하면 헐기도 해요. 그래서 수술 때문이 아니어도 불편함을 감수하고 끈으로 묶는 마스크를 선택하는 사람도 있습니다. 끈으로 묶는 마스크는 머리 뒤에서 위아래로 매듭을 두 번이나 묶어야 해서 착용이 번거로워요. 뒤통수에 눈이 달려 있지 않으니 익숙해지기 전까지는 진땀을 흘리기도 합니다.

마스크 하나도 이런저런 특성을 고려해서 개인의 취향과 필요에 따라 선택해서 사용합니다.

숨쉬기 어려운 N95 마스크

의료 현장에서 자주 쓰는 마스크가 하나 더 있습니다. 바로 'N95 마스크'죠. 공기 감염 위험이 있는 감염병 환자를 진료할 때 감염을 방지할 목적으로 착용합니다. 대표적인 감염병으로 홍역, 수두, 결핵이 있죠.

기침과 재채기로 날린 침방울이 감염원이 되는 것이 비

말 감염, 침방울의 수분이 증발해 더 작은 입자가 감염원이 되는 것이 공기 감염입니다. 이 작은 입자를 '비말핵'이라 불러요. 비말핵의 지름은 약 5마이크로미터 이하로, 1밀리미터의 200분의 1보다 작습니다.

수분을 머금은 침방울은 무거워서 튀어나와도 중력 때문에 금세 바닥으로 떨어집니다. 그런데 비말핵은 오랜 시간 공기 중에 둥둥 떠다녀요. 그래서 멀찍이 떨어져 있는 사람도 감염시킬 위험이 있습니다.

수술용 마스크로는 5마이크로미터 미만의 입자를 막을 수 없지만, N95 마스크는 0.3마이크로미터 입자까지 막아 냅니다. 공기 감염 예방책으로 쓰일 수 있는 이유죠.

그러나 N95 마스크는 의료 현장에서도 상당히 특정한 상황에서만 사용합니다. 제대로 착용하면 상당히 숨이 차서 장시간 쓰고 있을 수 없거든요. 어디까지나 감염 위험이 높은 작업을 할 때만 단시간 착용한다는 가정 하에 씁니다. 물론 환자가 착용하는 것도 권하지 않아요.

코로나19 사태 때 거리에서 N95 마스크를 착용한 시민을 본 적이 있는데, 제대로 착용하면 숨이 차서 제대로 걸어 다닐 수조차 없습니다. 아마 피부에 밀착시키지 않고 틈이 벌어져 있었을 공산이 커요. 그러면 감염 방지 효과가 크게 떨어집니다. 제대로 착용하지 못할 바에야 시판 부직포 마스크를 착용하는 편이 감염 방지 목적에는 훨씬 부합할 거예요.

피는 왜 붉을까?

피는 왜 붉을까?

투명한 수혈

'수혈'이라고 하면 대부분 붉은 피를 몸에 넣는 장면을 떠올리지 않을까요? 그래서 수혈 중에 붉은 혈액이 아닌 투명하거나 노르스름한 액체를 넣는 경우도 있다고 하면 놀라는 사람이 많습니다.

우리 피가 붉어 보이는 건 적혈구 때문입니다. 혈액 전체가 붉다고 여기기 쉽지만, 그 외 피를 구성하는 다른 성분들은 붉지 않아요. 예를 들어 살짝 긁힌 상처에서 투명한 액체가 스며 나올 때가 있습니다. 삼출액이라는 액체인데, 혈액의 일부

혈액의 성분

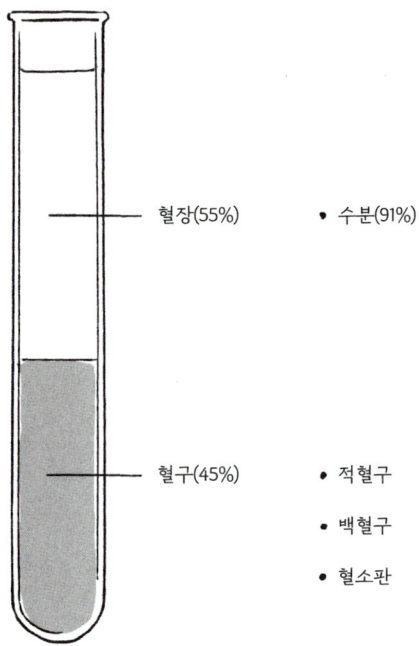

혈장(55%)   • 수분(91%)

혈구(45%)   • 적혈구

                               • 백혈구

                               • 혈소판

성분이 혈관 벽을 통과해 나오는 것이죠. 삼출액 속에는 적혈구가 없어 붉지 않습니다.

그렇다면 혈액은 무엇으로 이루어져 있을까요? 혈액의 약 45퍼센트는 혈구라는 혈액 세포이고, 나머지 55퍼센트는 혈장입니다. 혈구의 대부분은 적혈구이고, 1퍼센트 남짓이 백혈구와 혈소판이에요. 혈장은 91퍼센트가 물로, 나머지는 각종 단백질과 포도당, 전해질 같은 다양한 물질로 이루어져 있습니다.

오늘날 이루어지는 수혈은 '성분 수혈'이라고 불리는 방식을 씁니다. 혈액을 구성하는 성분 가운데 부족한 성분만 투여하는 방법이죠. 적혈구가 부족한 사람에게는 적혈구 제제를 수혈하고, 혈소판이 부족한 사람에게는 혈소판 제제를 수혈합니다. 혈장 제제 수혈이 필요한 상황도 있어요. 이 제제 중 붉은 것은 역시 적혈구 제제뿐입니다.

'혈액을 그대로 수혈'하는 경우는 거의 없다

"피가 모자라면 제 피를 써 주세요!"

드라마를 보다 보면 등장인물이 팔뚝을 걷어붙이며 아픈 가족을 위해 자기 피를 써 달라고 외치는 장면을 볼 때가 있습니다. 실제 의료 현장에서도 드물지만 자기 피를 써 달라는 가족이 나오는데, 요즘은 혈액을 그대로 수혈하는 '전혈 수혈'은 원칙적으로 시행하지 않습니다. 대신 상당한 시간과 수고를 들여 각 성분별로 혈액 제제를 만들고 투여하죠.

그 과정은 이렇습니다. 우선 헌혈로 모은 혈액에서 백혈구를 제거하고, 적혈구, 혈소판, 혈장으로 성분을 나눕니다. 그리고 혈액 감염을 일으킬 수 있는 HIV나 간염 바이러스 같은 바이러스와 세균 오염 여부를 검사해요.

HIV와 B형·C형 간염 바이러스 등 감염되어도 증상이 바로 나타나지 않는 병원체가 적지 않습니다. 헌혈을 하러 온 사람이 인지하지 못했지만 감염된 상태일 수도 있죠. 검사로 감염이 의심된다고 판단되면 혈액 제제로 사용할 수 없습니다.

제제에 방사선 조사를 시행하는 과정도 중요합니다. 혈액 제제 속에 남은 백혈구가 증식하는 힘을 없애기 위해서 방사선을 쏘거든요. 첫 단계에서 대부분의 백혈구를 없앨 수 있지만, 완벽히 제거되지는 않기 때문에 방사선을 쏩니다.

백혈구의 일종인 림프구는 몸 밖에서 들어온 세균과 바이러스 같은 이물질을 처치하는 면역 기능을 담당합니다. 이를 타인의 몸에 넣으면 몸속에서 림프구가 증식해서 몸을 공격해요. 이때 온몸에서 일어나는 중증 반응을 '이식편 대 숙주 병(Graft-Versus-Host Disease, GVHD)'이라고 부릅니다. 방사선 조사는 이 병을 방지하는 처치예요.

혈액 제제에 바이러스가 섞이는 것을 100퍼센트 막을 수는 없습니다. 매우 빈도는 낮지만, 희박한 확률로 바이러스가 있는데도 검사를 통과하는 경우가 있기 때문입니다. 특히 감염된 지 얼마 되지 않은 시기에는 바이러스가 잘 검출되지 않을 수 있어요.

그래서 본인이 바이러스에 감염되어 있을 위험이 있다고 생각될 때는 헌혈하지 않는 게 바람직합니다. 헌혈을 할 때 여러 조건이 달려 있는 것도 이러한 감염에 유의하기 위해서예요.(대한적십자사에서는 각종 예방 접종과 약물 복용 여부, 해외여행 여부 등을 헌혈 조건에 안내하고 있다. - 옮긴이)

보건소에서 간염 바이러스와 HIV 같은 검사를 받을 수 있으니, 검사를 받고 싶다면 문의하고 방문해 봐도 좋겠습니다.

숨 막히게 아름다운 자연의 섭리

제가 다루지 않은 질문이 있습니다. 바로 적혈구는 왜 붉은가, 하는 것입니다.

답을 먼저 하자면 헤모글로빈에 철이 포함되어 있어서입니다. 헤모글로빈은 헴(heme)과 글로빈(globin)이라는 두 종류의 물질로 이루어져 있습니다. 헴은 포르피린(porphyrin)이라는 골격 중앙에 철(Fe) 이온이 끼어 있는 구조로 되어 있어요. 포르피린은 탄소 원자(C), 수소 원자(H), 질소 원자(N)가 규칙적으로 배열된 고리 구조의 유기 화합물입니다.

일반적으로 금속 이온이 다른 물질과 결합해서 배위 화합물이라는 구조를 형성하면 특유의 색을 지닙니다. 그리고 철 배위 화합물인 헴은 붉은색을 띠죠.

혈액에 철이 들어 있다는 사실을 경험으로 아는 사람이 많을 거예요. 어렸을 때 상처를 무심코 핥았다가 피에서 비릿한 철 맛을 느껴 본 적이 있다면 말입니다. 또 철분이 부족하면 빈혈이 생긴다는 건 잘 알려진 지식이죠.

참고로 식물이 초록색을 띠는 것은 엽록체 안에 클로로필이라는 색소(엽록소)가 있기 때문입니다. 그런데 클로로필의 구조는 헴과 놀라울 정도로 유사해요. 포르피린 가운데 마그네슘(Mg) 이온이 끼어 있고, 클로로필이 마그네슘 배위 화합물을 형성하죠.

식물은 클로로필로 빛 에너지를 흡수해서 산소를 생성합

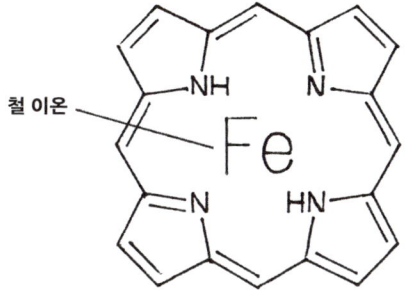

포르피린에 철(Fe) 이온이 끼면 → 헤모글로빈

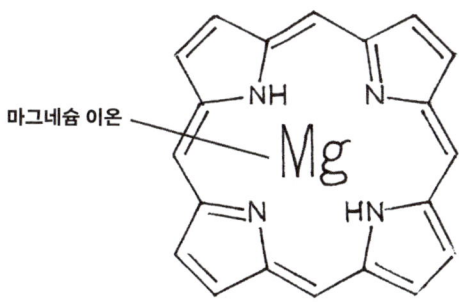

포르피린에 마그네슘(Mg) 이온이 끼면 → 클로로필

니다. 우리가 잘 아는 광합성 작용이죠. 반면 동물은 체내에서 클로로필과 같은 구조의 헴이 산소 운반을 담당합니다. 진화 과정을 염두에 두면 숨이 턱 막힐 정도로 아름다운 자연의 섭리가 눈에 들어옵니다.

그런데 자연계에서 산소 운반을 담당하는 물질은 헴만이 아닙니다. 일부 곤충과 뱀, 게, 문어 같은 생물은 구리 배위 화합물인 헤모시아닌(hemocyanin)을 사용해 산소를 운반해요. 이 생물들의 피가 푸른 이유는 피 성분에 구리가 들어 있기 때문입니다.

자연계 생물들은 몸속에 금속을 영리하게 받아들여 효과적으로 활용합니다. 겉모습이 이토록 다른 생물들도 '산소를 다루는 방식'은 빼닮았다는 사실이 참으로 흥미롭죠.

살아가는 데 필수적인 기능일수록 종을 넘어서서 비슷한 시스템을 이용합니다. 아마도 자연 선택에서 살아남은 가장 훌륭한 기능일 겁니다.

대단한 인체

심장이 움직이고 온몸에 혈액이 순환합니다.

음식이 몸을 움직이는 에너지로 바뀝니다.

단 하나의 수정란이 번듯한 몸으로 성장합니다.

부모의 특징이 자식에 유전됩니다.

인체는 정말로 잘 만들어져 있고, 아름답고 신비롭습니다.

동시에 이 모든 현상은 자연계에서 보편적으로 일어나는 화학 반응의 연쇄 작용이기도 합니다. 우리 몸을 살펴다 보면 특별하고 초자연적인 힘을 믿고 싶어질 정도로 정교한 짜임에 혀를 내두르게 되지만, 이 모든 작용을 화학과 물리 법칙으로 설명할 수 있어요. 의학이라는 학문은 긴 세월에 걸쳐 몸의 신비를 풀어내며 과학의 한 축을 담당해 왔습니다.

인체는 자연계에 무수히 존재하는 유기물과 별반 다르지 않습니다. 의학의 발전이 밝혀낸 이 사실에 낙담하는 사람이 많을 수도 있어요.

하지만 저는 오히려 여기에서 의학의 재미를 발견할 수 있다고 생각합니다. 자연계에 존재하는 '재료'만으로 우리 몸의 시스템이 만들어지고 있다는 데에 황홀한 신비를 느끼기 때문입니다. 그리고 의학은 과학이기에 몸에 생긴 병을 과학의 언어로 설명할 수 있으며, 치료법 역시 과학으로 찾아낼 수 있습니다.

저는 얼핏 혼란스러워 보이는 인체와 질병의 체계를 질서 정연하게, 과학적으로 설명할 수 있다는 사실을 알고 의학에 빠지게 되었습니다.

앞으로의 의학은 어떤 모습일까요?

지금까지 의학은 인류와 함께 병마와 싸우고 맞설 수단을 마련해 왔습니다. 의학의 발전으로 인류의 수명은 길어졌고, 수많은 질병이 극복되었으며, 전체 사망률은 눈에 띄게 줄어들었죠. 그야말로 인류가 힘을 합쳐 공통의 적과 싸우는 시대였습니다.

그러나 앞으로는 개인이 고유의 무기를 손에 들고 각자의 적과 싸우는 시대가 올 겁니다. 인류는 하나의 종이지만, 한 사람 한 사람은 별개의 개체이며 저마다 다른 과학적, 유전적 특징을 지니고 있죠. 같은 병에 걸렸다고 그 집단이 동일한 약에 모두 같은 반응을 보이지는 않습니다. 그렇기에 개개인에 맞는 맞춤형 처방과 치료가 가장 이상적이죠. 이러한 생각을 '맞춤 의학'이라 부릅니다. 그리고 게놈 분석 기술이 발전함에 따라 점차 현실화되고 있죠.

한번 옷을 산다고 생각해 볼까요? S, M, L 세 가지 사이즈에서 고르기보다 신체 각 부위를 재서 맞춤 주문하면 몸에 딱 맞는 옷을 입을 수 있습니다. 맞춤 의학은 이러한 방식을 추구합니다.

더불어 과학 기술의 혁신은 앞으로도 의학에 커다란 혜택을 안겨 줄 겁니다. 인공 지능을 활용한 초정밀 진단이나 수술용 내비게이션 기술이 꾸준히 개발되고 있거든요. 100년 뒤의 의학은 지금으로서는 상상도 할 수 없는 형태로 인류를 질병에서 구원하고 있을 겁니다.

이 책을 출간한 다이아몬드 출판사의 다바타 히로후미 편집자는 이 책을 기획하고, 주제를 정하는 데 힘을 보태 주었습니다. '모든 지식을 총망라하는 책'을 만들자는 지침이 제게 큰 도움이 되었고, 원고를 읽고 들려주는 감상도 힘이 되었습니다. 인체를 다룬다면 머리부터 발끝까지, 의학을 다룬다면 과거부터 미래까지, 산 정상에서 아래를 내려다보듯 지식을 두루 살피는 책을 만들고자 노력했습니다. 이 노력이 여러분에게 가닿는다면 더할 나위 없겠습니다.

물론 의학이라는 학문 전체를 다루겠다는 생각은 무모한 도전이고 주제넘은 시도입니다. 그러나 의학의 재미를 전하고 지적 호기심을 채워 주는 그런 책을 만들어야 한다고 믿었습니다. 적어도 누군가는 그런 책을 읽고 싶어 하리라 생각했어요. 무엇보다 제가 읽고 싶었습니다.

이 책은 그러한 고민 속에서 썼습니다. 독자 여러분이 즐겁게 읽었다면 저자로서 더없는 기쁨입니다.

과학의 세계에서 보편적으로 옳은 진실은 존재하지 않습니다. 학문의 발전과 함께 정답은 끊임없이 변하죠. 또 역사적 사실도 해석하기 나름입니다. 결국 저 또한 참고 문헌을 바탕 삼아 제 시선으로 바라본 의학의 세계를 그려 봤습니다. 누군가가 의학을 공부할 때 이 책이 입구가 되어 주기를 바랍니다.

대단한 인체

이 책의 부제는 '우리 몸의 비밀을 파헤치는 지적 모험'입니다. 하지만 이 책을 다 읽은 지금도, 여러분의 '모험'은 끝나지 않았습니다. 그저 깊은 지식의 동굴에 한 발을 내디뎠을 뿐이죠. 진짜 모험은 이제 막 시작된 것입니다.

제가 생각하기에 배워서 느는 것은 지식의 양보다는 오히려 모르는 게 얼마나 많은지에 대한 자각입니다. 배울수록 저는 제 무지를 거듭 실감하게 되고, 지식의 세계가 얼마나 깊은지를 경탄하게 됩니다.

물리학자 카를로 로벨리는 《시간은 흐르지 않는다》에서

이렇게 말했습니다.

"경탄의 감정이야말로 우리의 지식 욕구의 원천이며, 시간이 우리가 생각했던 것과 같지 않다는 사실을 알게 되는 순간, 무수한 질문이 생겨난다."

여기서 '시간'의 자리에 '의학', '생물학', '언어학' 등 어떤 단어든 들어갈 수 있습니다. 어떤 것에 대해 '알았다'고 생각하는 순간은 오히려 무수한 질문이 생기는 출발점이 됩니다.

이 책에서 저의 마지막 역할은 이제 막 출발점에 서서 자신의 발로 모험을 계속해 나갈 여러분을 위해 제가 가지고 있는 몇 가지 '지도'를 건네는 것입니다. 그런 관점에서 몇 가지 작품을 추천하려 합니다. 인체와 의학에 관심 있는 분에게 작은 참고가 되었으면 좋겠습니다.

암: 만병의 황제의 역사

싯다르타 무케르지, 까치, 2011
암이 어떤 질병인지, 그 원인을 밝혀내고 치료법을 개발하기 위해 혼신의 힘을 다해 온 사람들의 활약을 4000년의 시간을 넘어 풀어낸 책입니다.

암에 대해 다룬 책은 많지만, 이 책의 가장 큰 특징은 저자인 싯다르타 무케르지가 현직 의사, 그중에서도 암 환자를 최전선에서 치료하는 종양내과 전문의라는 점입니다.

현대의 암 치료 현장을 누구보다 잘 아는 저자가 암의 역사를 조망하며 직접 풀어낸 이 책이 더욱 귀중한 까닭입니다.

모두를 위한 생물학 강의: 우리를 둘러싼 아름답고 위대한 세계

사라시나 이사오, 까치, 2021

생물학자인 저자가 생물학이라는 학문의 즐거움을 알려 줍니다. 남녀노소 누구나 깊이 있게 배우며 지적으로 만족할 수 있는 탄탄한 책이에요.

생물을 배우려는 우리도 생물이며, 생물을 아는 일은 곧 자신을 아는 일이라는 것. 이 사실을 깊이 파고들면 결국 '철학'에 이르게 됩니다. 여러 생각을 자아내는 책입니다.

대단한 인체

초판 1쇄 인쇄 2025년 9월 16일
초판 1쇄 발행 2025년 9월 30일

글 야마모토 다케히토   옮김 서수지   감수 예병일
펴낸이 최순영

교양 학습 팀장 김솔미   편집 연혜진
키즈 디자인 팀장 이수현   디자인 진예리

펴낸곳 ㈜위즈덤하우스   출판등록 2000년 5월 23일 제13-1071호
주소 서울특별시 마포구 양화로 19 합정오피스빌딩 17층
전화 02) 2179-5600   홈페이지 www.wisdomhouse.co.kr
전자우편 kids@wisdomhouse.co.kr

ISBN 979-11-7171-487-2 43400